重金属胁迫下
红壤性水稻土氮转化和
微生物群落的耦合作用机制

郭一帆　方华军　程淑兰　著

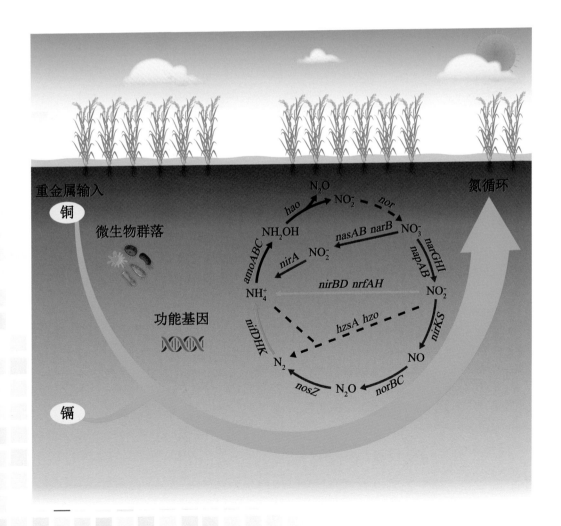

图书在版编目（CIP）数据

重金属胁迫下红壤性水稻土氮转化和微生物群落的耦合作用机制 / 郭一帆，方华军，程淑兰著. --北京：中国农业科学技术出版社，2024.1

ISBN 978-7-5116-6708-3

Ⅰ.①重… Ⅱ.①郭… ②方… ③程… Ⅲ.①稻田－土壤氮素－转化－研究 ②稻田－土壤氮素－微生物群落－研究 Ⅳ.①S154 ②Q938.1

中国国家版本馆CIP数据核字（2024）第 021649 号

责任编辑	申　艳
责任校对	王　彦
责任印制	姜义伟　王思文

出 版 者	中国农业科学技术出版社 北京市中关村南大街 12 号　　邮编：100081
电　　话	（010）82103898（编辑室）　　（010）82106624（发行部） （010）82109709（读者服务部）
网　　址	https:// castp.caas.cn
经 销 者	各地新华书店
印 刷 者	北京捷迅佳彩印刷有限公司
开　　本	170 mm × 240 mm　1/16
印　　张	9
字　　数	160 千字
版　　次	2024 年 1 月第 1 版　2024 年 1 月第 1 次印刷
定　　价	68.00 元

◆◆◆版权所有·侵权必究◆◆◆

前　言

微量重金属在维系生物体进行生命活动中不可或缺，而过量重金属积累对陆地和水生环境的生物多样性和功能、食品安全以及全球人类健康构成严重威胁。过量重金属积累是我国南方红壤丘陵区水稻土污染的主要类型之一。作为生态系统的核心组分之一，微生物是土壤元素生物地球化学循环和污染物转化过程的关键驱动者，明确重金属积累对微生物群落组成和功能的影响是探索水稻土污染生物修复技术的先决条件。土壤氮循环是基本的生物地球化学循环，土壤氮平衡和分配对于维持土壤质量和作物生长至关重要，这直接关系到农业生态系统的稳定性和生产力。土壤氮动态由氮固定、硝化、反硝化、厌氧氨氧化和硝酸盐还原等过程调控，而微生物在这些过程中起关键介导作用。重金属污染不仅可以通过调控代谢等过程直接对氮循环微生物产生影响，也可作用于土壤理化属性进而改变土壤微生物多样性和群落结构组成。然而，目前对重金属污染如何影响水稻土微生物群落及其介导的氮素转化过程的研究还存在很大的不确定性。深入了解土壤氮转化过程对重金属污染的响应特征对农田氮肥优化管理至关重要。

本书基于江西省泰和县仙槎河污灌区，以重金属铜和镉污染下的红壤性水稻土为研究对象，利用环境因子分析和16S/ITS扩增子测序等方法，研究了重金属对水稻土细菌和真菌群落的影响及其环境驱动机制；利用鸟枪宏基因组测序和微生物荧光测定方法，研究了不同重金属污染水平下微生物潜在功能和酶活性的差异及其主导因素；通过构建室内微宇宙培养实验，利用鸟枪宏基因组测序研究了重金属污染情景下水稻土氮循环的响应特征及其微生物驱动机制。

本书共分7章。第1章概述了研究的背景与意义，综述了该领域的研究现状，提出了现有研究存在的不确定性；第2章描述了研究内容、研究区概况与试验设计，介绍了所采用的研究方法；第3章基于野外水稻土调查采样，研究了土壤重金属污染对细菌群落的影响，界定了重金属抗性或敏感细菌类群；第4章阐明了土壤真菌群落在重金属污染下的转变，鉴定出重金属抗性或敏感真菌物种；第5章研究了不同重金属污染水平下土壤微生物群落潜在功能和酶活性的差异，明晰了驱动其变化的主导因素；第6章基于室内重金属添加模拟实验，研究了不同水分条件和重金属污染下土壤氧化亚氮排放与微生物的耦合作用；第7章进行了总结与展望。

本书得到了井冈山农高区省级科技专项"揭榜挂帅"项目（20222-051244）、中国科学院战略性先导科技专项（XDA28130100）和国家自然科学基金面上项目（32371725、41977041）资助，作者在此表示衷心感谢。

由于作者水平有限，书中难免存在疏漏之处，敬请读者批评指正。

作　者

2024年1月

目 录

第1章 绪论 ·· 1
    1.1 研究背景与意义 ·· 1
    1.2 国内外研究现状 ·· 2

第2章 研究内容与方法 ·· 13
    2.1 研究内容 ·· 13
    2.2 研究区概况与试验设计 ·· 15
    2.3 研究方法 ·· 17

第3章 水稻土Cu和Cd协同污染对土壤细菌群落的影响 ········ 24
    3.1 引言 ·· 24
    3.2 材料与方法 ·· 25
    3.3 结果与分析 ·· 26
    3.4 讨论 ·· 43
    3.5 本章小结 ·· 46

第4章 水稻土Cu和Cd协同污染对土壤真菌群落的影响 ········ 47
    4.1 引言 ·· 47
    4.2 材料与方法 ·· 48
    4.3 结果与分析 ·· 49
    4.4 讨论 ·· 60

4.5 本章小结 ………………………………………………………… 63

第5章　水稻土Cu和Cd协同污染对土壤微生物潜在功能及酶活性的影响 … 65
5.1 引言 ……………………………………………………………… 65
5.2 材料与方法 ……………………………………………………… 66
5.3 结果与分析 ……………………………………………………… 68
5.4 讨论 ……………………………………………………………… 77
5.5 本章小结 ………………………………………………………… 81

第6章　水稻土Cd和Cu协同污染对土壤氮转化过程的影响及微生物驱动机制 …………………………………………………………………… 82
6.1 引言 ……………………………………………………………… 82
6.2 材料与方法 ……………………………………………………… 84
6.3 结果与分析 ……………………………………………………… 85
6.4 讨论 ……………………………………………………………… 98
6.5 本章小结 ………………………………………………………… 102

第7章　结论与展望 …………………………………………………… 104
7.1 主要结论 ………………………………………………………… 104
7.2 研究的创新点 …………………………………………………… 105
7.3 研究展望 ………………………………………………………… 106

参考文献 …………………………………………………………… 108

第1章 绪论

1.1 研究背景与意义

微量重金属在维系生物体进行生命活动中不可或缺,而过量重金属积累则对自然系统和人类健康危害极大。重金属能够通过多种途径进入土壤并积累,包括农药和化肥的施用、工业残渣的不当堆放、化学制造、金属电镀、制革、污水灌溉、大气沉降等,主要由人为活动造成(Gómez-Sagasti et al.,2012)。土壤重金属污染在世界各个国家或地区都有不同程度的发生(Su et al.,2014)。例如,法国、西班牙、印度和美国的土壤都受到镉(Cd)污染的威胁(Su et al.,2014),墨西哥和意大利的那不勒斯市土壤中的铜(Cu)、铅(Pb)和锌(Zn)已达到污染水平(Imperato et al.,2003;Morton-Bermea et al.,2009)。在中国,受到重金属污染的土壤面积占所有土壤污染类型的82.8%,约10%的农田土壤受到重金属污染(Kou et al.,2018)。因此,探究农田土壤重金属的污染现状、空间分布和生态环境风险对区域土壤健康管理和粮食安全生产至关重要。

过量重金属在农田土壤中的富集不仅会造成土壤环境质量和农产品质量下降、危害食品安全和人体健康,也会对土壤生态系统组成和生态系统功能产生影响(Nabulo et al.,2010;Yang et al.,2016;Xiao et al.,2017)。作为生态系统的核心组分之一,微生物在土壤物质流动和养分周转,特别在降解有机物、调控土壤养分循环、调节土壤结构和消灭病原菌等过程中发挥着重要作用(Thiele-Bruhn et al.,2012;Fierer et al.,2013)。土壤微生物对环境条件的变化非常敏感，可以作为表征土壤质量的重要指标。外源性重金属胁迫能够通过损害功能或破坏细胞结构等（Leita et al., 1995），显著改变微生物的生命活动，进而导致土壤微生物的丰度、群落结构、功能和酶活性发生显著变化。微生物作为农田土壤生态系统变化的关键指标，探究其与重金属污染的相互作用和机制，有助于深入认识重金属污染土壤的能量流动和物质循环变化，进而有针对性地开展污染土壤修复和重建（陈欣瑶等，2017）。

氮循环在土壤养分流动和周转中十分关键，而重金属过量积累能够显著影响土壤氮转化过程，如矿化、硝化和反硝化作用（Kandeler et al., 1996）。重金属污染不仅可以通过调控代谢等过程直接对氮循环微生物产生影响，也可作用于土壤理化属性进而改变土壤微生物多样性和群落结构组成，最终影响土壤氮转化过程。这种双重作用在土壤养分周转与循环过程中具有十分重要的影响（Stefanowicz et al., 2010）。过去由于土壤分子生物学技术手段不够成熟，土壤重金属积累下的氮转化过程以及氮循环相关微生物变化还不清楚。近年来，随着高通量测序的快速发展，在物种和基因水平上探究氮循环对重金属胁迫的响应及其微生物介导机制成为可能。

因此，本书基于江西省泰和县仙槎河污灌区，对该区域稻田土壤中重金属的含量和空间分布进行详细的调查和评价，探究重金属污染对土壤微生物群落特征的影响；通过测定土壤理化属性阐明影响微生物群落的主导因素，深入分析重金属富集下土壤氮循环过程和微生物关键功能类群及其相互作用。研究结果有助于红壤丘陵区土壤健康和土壤生产力的保持，有助于微生物评价体系的建立，并可为重金属污染控制提供理论依据。

1.2　国内外研究现状

1.2.1　农田土壤重金属污染

社会工业的迅速发展和壮大带来了不可忽视的环境污染问题（Tan et al., 2017；隋凤凤等，2018），重金属污染在我国农田土壤污染类型中占主要地位。土壤重金属污染是指由于人类活动，土壤中重金属含量明显升高，并造成土壤环境质量的下降和生态环境的恶化（陈怀满，2005）。常见的重金属污染物有Pb、Cd、铬（Cr）、砷（As）、Zn、Cu、汞（Hg）、镍（Ni）等。

农田重金属污染直接关系到农产品质量安全及生态系统健康（Zhao et al.，2015），因此一直是国内外关注的热点问题（Nicholson et al.，2003）。

1.2.1.1 农田土壤重金属污染现状与来源

目前，世界很多地区土壤存在相当严重的重金属污染（Solgi et al.，2012）。由于工业发展、固体废弃物堆放和污水灌溉等人为因素，我国土壤重金属污染也日趋严重。据2014年发布的《全国土壤污染状况调查公报》，我国耕地土壤污染比例为19.4%，主要为重金属污染。重金属污染问题呈现一定的区域性分布特征，北方地区分布少且污染程度轻，南方地区则分布相对密集且污染程度更为严重。南方地区水稻土重金属污染相当严重，尤其在太湖和珠江三角洲平原（安中华等，2004；朱永官等，2005）。据估算，我国重金属含量超标的农田面积约有2 000万hm^2，占农田总面积的1/5（陈卫平等，2018）。近年来，我国农田土壤重金属污染面积不断增加（Teng et al.，2014），其中粮食主产区农田重金属污染率由7.16%提升至21.49%，重金属主要为Cd、Ni和Cu等（尚二萍等，2018），当前对农田土壤重金属污染的治理迫在眉睫。

土壤重金属的主要来源为成土母质（一般含量较低，危害较小）和人为活动（废水排放、大气沉降、肥料施用、固体废弃物堆放等），且以人为活动输入较多（Wei and Yang，2010；Li et al.，2014；罗小玲等，2014）。人为活动导致的土壤重金属富集过程一般包括以下4个方面。①大气沉降。大气沉降是地面与大气物质交换下行的过程，大量污染物质在大气中扩散，最终沉降，回到地面（Wong et al.，2003）。研究表明，农田土壤重金属有很大一部分来自大气沉降（戴青云等，2018）。例如，农田土壤As、Hg、Ni和Pb含量的58%~85%由大气输入（Luo et al.，2009）。②污水灌溉。污水是部分地区灌溉用水的主要来源，其中的重金属在灌溉时进入土壤导致污染。例如，大宝山矿山下游的农田土壤重金属含量偏高，其中大部分重金属来源于灌溉污水（许超等，2007）。③固体弃废物堆放。固体废弃物在外部作用下（日晒和雨淋等）使重金属扩散到土壤中导致农田土壤污染。研究表明，广东省某尾矿库附近的部分耕地土壤重金属Pb、Zn和Cu等含量超标（梁雅雅等，2019）。④农药、肥料和地膜的使用。在农业生产中大量使用农药、地膜以及不合理施用化肥和有机肥，都将导致土壤重金属污染（Nicholson et al.，1999）。长期田间定位试验结果表明，肥料的施用会导致土重金属污染（任顺荣等，2005）。

1.2.1.2 农田土壤重金属污染特点与危害

土壤重金属污染具有隐蔽性和滞后性的特点，植物吸收后经食物链富集才会显现（Tabelin et al.，2018）。此外，土壤重金属毒性较大且很难降解（林凡华等，2007），进入土壤后很难被清除出去；同时重金属污染对土壤的影响极大，治理周期很长（王晓钰，2012）。除此之外，重金属的种类、形态以及土壤理化属性决定了土壤重金属的行为，而重金属的形态也会受土壤类型和土壤理化属性等土壤条件的影响。因此，同时关注全量和各种形态重金属含量才能更好地研究农田土壤重金属危害。

农田土壤重金属污染的危害主要包括4个方面。一是对农田土壤生态系统及其功能造成很大影响。重金属污染造成土壤本身元素的失衡，从而影响生物化学过程，包括氮的转化过程和土壤酶活性等，进一步导致土壤肥力降低。二是对农作物生产造成严重影响。土壤重金属污染可能会引起作物黄化等养分缺乏症状（Wenzel et al.，2003）；部分重金属还会通过影响根系生长而造成作物减产（Shahid et al.，2017a）。三是危害人体健康。重金属会通过多种途径进入人体从而导致代谢紊乱（Cai et al.，2009）。四是威胁生态环境安全。重金属污染会影响土壤动物、植物和微生物等的生命活动，进而使土壤生态系统失衡，引起生态系统的退化（Gans et al.，2005；Singh et al.，2014）。

1.2.1.3 土壤重金属污染评价方法

土壤重金属污染评价是指按照一定的评价标准和方法对区域土壤重金属进行评测，以期考察土壤重金属污染程度。土壤重金属污染程度可以选择不同的评价方式来进行表征。目前常用的重金属污染评价方法有单因子指数评价法、地累积指数法（Müller指数）、内梅罗综合污染指数法和潜在生态危害指数法等。

（1）单因子指数评价法

单因子指数评价法是应用很普遍的一种方法，特别是对土壤和河流沉积物的评价（余璇等，2016）。计算公式如下：

$$P_i = C_i / S_i \tag{1-1}$$

式中，P_i为污染物单因子指数；C_i为实测浓度，$mg \cdot kg^{-1}$；S_i为土壤环境质量标准，$mg \cdot kg^{-1}$。

（2）地累积指数法

地累积指数（I_{geo}）通常称为Müller指数，用于对沉积物重金属污染的评价。计算公式如下：

$$I_{geo} = \log_2\left(\frac{C_n}{K \times B_n}\right) \quad (1-2)$$

式中，I_{geo}为地累积指数；C_n为样品中元素n的浓度；B_n为背景值中元素n的浓度；K为考虑成岩作用引起变化的修正系数（一般取值为1.5）。

（3）内梅罗综合污染指数法

内梅罗综合污染指数法是最为常用的重金属污染评价方法，国内许多研究者都利用此指数表征土壤污染情况（李晓燕等，2010）。计算公式如下：

$$P = \sqrt{\frac{(P_i)_{max}^2 + (P_i)_{ave}^2}{2}} \quad (1-3)$$

式中，P为内梅罗综合污染指数；$(P_i)_{max}$为所有元素污染指数中的最大值；$(P_i)_{ave}$为土壤中i元素单项污染指数平均值。

（4）潜在生态危害指数法

潜在生态危害指数法根据重金属的特性来评价土壤重金属污染情况（Hakanson，1980）。计算公式如下：

$$RI = \sum_{i=1}^{n} E_r^i = \sum_{i=1}^{n} T_r^i C_r^i \quad (1-4)$$

式中，RI为潜在生态风险指数；E_r^i为第i种重金属潜在生态风险系数；T_r^i为第i种重金属的毒性系数；C_r^i为第i种重金属的单因子指数；n为重金属种数。

以上土壤重金属污染评价方法各有优缺点。单因子指数评价法和地累积指数法可以反映具体单种重金属的污染情况，而无法表征综合污染情况，但这两个方法是其他评价方法的基础。内梅罗综合污染指数法是按照一定方法将各污染物单因子指数综合后进行评价，但可能会放大污染指数相对较高污染物对土壤的影响。潜在生态危害指数法考虑了重金属的特性进而对土壤重金属污染情况进行评价。

1.2.2 重金属污染对土壤微生物生态效应的影响

土壤微生物指土壤中个体微小的生物体，包括细菌、真菌、放线菌、原生动物和藻类等。土壤微生物对物质流动、养分周转与循环和重金属降解等生态过程十分重要（Kramer et al., 2013）。土壤微生物对环境变化较为敏感，可作为重金属污染的早期预警指标（Gómez-Sagasti et al., 2012）。因此，研究土壤微生物在重金属胁迫下的响应特征对探索重金属污染农田的生物修复和重建十分重要。

1.2.2.1 重金属污染对土壤微生物群落结构和多样性的影响

很多试验表明，重金属污染会降低微生物多样性（Gołębiewski et al., 2014；Wu et al., 2018）。例如，Desai等（2009）证明，长期Cr污染导致微生物多样性降低；Singh等（2014）研究表明，Cu和Zn长期胁迫导致微生物群落多样性显著丧失。相比于健康土壤，微生物群落多样性在中度重金属污染的土壤中大幅减少（Berg et al., 2012）；而在重度重金属污染的土壤中，微生物可能仅占原始土壤的1%（Gołębiewski et al., 2014）。然而，微生物多样性并不总是与重金属负相关，在某些情况下重金属胁迫会增加微生物多样性（Xiao et al., 2017），或者对微生物多样性没有表现出显著影响（Sheik et al., 2012）。这可能是由于在重金属胁迫下微生物群落可以通过自身抗性或进入休眠状态来维持多样性（Sheik et al., 2012）。随着时间的推移，适应重金属的微生物群落可能逐渐恢复其全部多样性（Berg et al., 2012）。

重金属污染能够显著改变土壤微生物的群落组成和结构（Fernández-Calviño et al., 2011；Yang et al., 2014），对重金属抗性较弱的微生物种群数量会减少甚至灭绝，而抗性/适应性较强的微生物种群数量会增加并形成新的优势种群（Griffiths and Philippot, 2013；Xie et al., 2016）。例如，氨氧化细菌在Cd、As和Cu的复合污染下被完全抑制（Kozdrój and van Elsas, 2000）。广西壮族自治区一处矿区土壤拟杆菌门和厚壁菌门的丰度与土壤重金属含量正相关（于方明等，2020）。Epelde等（2014）通过采集矿区土壤发现，土壤纤线杆菌门和绿弯菌门丰度与重金属含量正相关，而放线菌门和酸杆菌门丰度与重金属含量负相关。Desai等（2009）发现，由于长期的Cr污染，细菌群落的优势物种由变形菌门转变为厚壁菌门。Sheik等（2012）指出，原始土壤中优势微生物为放线菌门和酸杆菌门，在Cr和As污染土壤中则转变为变形菌门。有研究表明，废水灌溉能够显著改变土壤细菌群落的组成和结构，废水灌溉的玉米农田土壤中硬毛菌和变形杆菌的相对丰度有所增加，而放线菌减少（Xu et al.，2020）。不过，也有研究表明，土壤重金属含量在一定限度内可能不会对微生物群落结构产生影响。例如，美国拉什湖沉积物中的As并未对其细菌群落产生影响（Grandlic et al.，2006）；石门雄黄矿区丛枝菌根（AM）真菌的磷脂脂肪酸（PLFAs）丰度与土壤总As及有效As含量均没有表现出显著相关关系（孙玉青等，2015）。

土壤微生物对不同重金属元素的敏感程度存在差异。Giller等（1998）研究表明，重金属对土壤微生物的影响程度从大到小排序为Ag、Hg、Cu、Cd、Cr、Ni、钴（Co）、Zn，且顺序与生物种类有关。滕应等（2005）通过采集重金属复合污染红壤发现，重金属种类对土壤微生物的毒性效应大小顺序为Cd、Cu、Zn、Pb。还有研究表明，重金属污染对土壤微生物毒性效应从大到小的顺序为Cr、Pb、As、Co、Zn、Cd、Cu（Wang et al.，2010）。另外，土壤微生物类群对重金属元素的敏感程度也存在差异。研究表明，相比于土壤真菌，重金属污染对细菌群落的影响更大（Rieder and Frey，2013）。Cavani等（2016）发现，Cu污染导致了细菌群落组成的改变，但对真菌群落组成没有显著影响。Li等（2017）发现，长期Cd、As、Zn和Pb污染改变了土壤微生物群落结构，且细菌比古菌对污染更敏感。吴建军等（2008）则发现，土壤重金属污染提高了真菌的相对丰度。综上所述，土壤微生物群落对重金属污染的响应特征比较复杂，取决于重金属种类、微生物种群以及土壤属性。借助最新分子生物学技术和生物信息分析技术，科研人员能够深入研究重金属污染和微生物群落的关系，从而为重金属污染土壤的修复治理提供新思路。

1.2.2.2 宏基因组学技术分析重金属污染下土壤微生物活性和潜在功能

随着土壤微生物相关研究的日益深入，现代分子技术被广泛应用，主要包括16S rDNA基因序列分析、核酸指纹图谱和宏基因组学技术等。其中，宏基因组学是对环境样品中所有微生物基因组集合的研究方法（Handelsman et al.，1998）。宏基因组测序技术的优点在于其具有更高的识别和鉴定物种遗传功能的能力，可以跨过微生物分离和纯培养过程，揭示土壤全部存在的微生物遗传和群落信息。应用宏基因组测序技术可以更加全面地评估复杂环境微生物的作用，有助于微生物信息的研究进程（Sharpton，2014；Zainun and Simarani，2018）。利用宏基因组测序可以同步测定土壤细菌、真菌和古菌来揭示整体微生物多样性及其活动规律，也可以探索具有重要功能的未知微生物，进而深入阐明重金属污染下土壤微生物的响应机理（Zhou et al.，2015）。土壤宏基因组测序及分析流程如图1-1所示。利用宏基因组测序方法，Hallenbeck等（2016）发现，新型嗜热蓝藻*MTP1*基因组能够编码多种抗性系统，特别是As、Cd、Co、Cu、Hg、Zn等重金属的抗性系统，这意味着新的微生物具有修复这些重金属污染土壤的巨大潜力。Feng等（2018）研究表明，一些土壤微生物，尤其是变形菌门，对Cd具有潜在的抗性，这意味着这些微生物可能是Cd污染土壤中维持生态系统功能的关键种群。

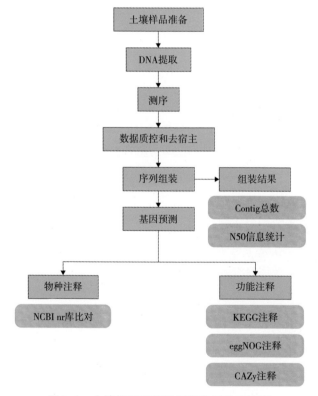

图1-1　土壤样品宏基因组测序及分析流程

注：contig总数是指在基因组组装过程中，通过拼接得到的连续DNA序列（contigs）的数量总和；N50是指在按照长度从大到小排列的所有拼接序列中，长度刚好大于基因组总长度50%位置的序列长度；KEGG为京都基因与基因组百科全书数据库；eggNOG为基于直系同源蛋白进行分组比对的公共资源数据库；CAZy为碳水化合物活性酶数据库；NCBInr为美国国家生物技术信息中心非冗余蛋白库。

宏基因组学测序和分析方法目前已在重金属污染土壤环境微生物的研究中有所应用。例如，Sun等（2018）通过对广西壮族自治区一处尾矿的土壤进行宏基因组测序，采用基因草图组装方法，系统阐明了尾矿土壤环境优势微生物种类及其功能，发现了尾矿土壤微生物具有固碳、固氮和重金属抗性等基因。Sun等（2020a）采集了我国南方6处尾矿土壤及其周边土壤，利用宏基因组测序技术和乙炔还原法培养实验，发现尾矿土壤中产生可利用氮的主要微生物种群是化能自养型固氮菌。宏基因组学在重金属污染农田土壤微生物功能研究中也有应用。Liu等（2018a）采集了汞矿下游区域的水稻和玉米地土壤，发现Hg污染对土壤关键过程（如元素循环）以及Hg的转化（如甲基化和还原）均有很大影响。Xiao等（2016）利用宏基因组测序技术分析我国南方5个地区稻田土壤的As代谢基因，发现即使在低As环境中As代谢基因也广泛存在，而且在所有土壤样品中As酸盐还原基因（*ars*）占主导地位。

1.2.2.3 重金属污染对土壤酶活性的影响

土壤酶主要来自微生物、植物根系分泌物和动植物残体分解（Sinsabaugh et al.，2008），其类型包括转移酶类、水解酶类、裂合酶类和氧化还原酶类（杨万勤和王开运，2002）。土壤酶在微生物生命过程、土壤结构稳定、有机质形成以及碳、氮、磷等养分循环方面具有重要作用，然而酶活性受重金属污染的影响机理尚不明确（Tripathy et al.，2014）。以往研究主要基于室内培养实验，通过控制培养实验中重金属的含量、污染时间和其他非生物因素，建立重金属含量与土壤酶活性的剂量-效应关系。研究表明，低含量重金属可刺激微生物，提高土壤酶活性，而高含量重金属则表现为抑制作用（Kandeler et al.，1996）。Zeng等（2007）发现，铅含量小于500 $mg·kg^{-1}$对土壤酶活性有促进作用，但超过500 $mg·kg^{-1}$出现明显的抑制现象；低含量Cd可以促进土壤脲酶活性，而高含量Cd产生抑制作用（王学锋等，2014）。重金属作用于酶活性的机制主要包括3个方面（和文祥等，2000）：①一些重金属能够使酶活性位点和底物结合，从而增强酶活性；②重金属会占据土壤酶活性位点或阻碍其与底物的结合，导致酶活性降低；③重金属与土壤酶活性无关。

相较于培养实验，实地重金属污染水平与土壤酶活性的剂量-效应关系很难建立，需要对土壤酶活性和土壤理化属性共同分析才能明确长期重金属污染土壤生态功能的变化。赵永红等（2015）研究发现，矿区与冶炼厂周围土壤中磷酸酶和脲酶活性与有效态重金属含量存在负相关。长期重金属污染土壤中，水解酶和氧化还原酶的响应不同，水解酶活性降低以减少有机物矿化，而脱氢酶活性升高以适应胁迫环境（Ciarkowska et al.，2014）。在野外条件下，重金属污染对土壤酶活性的影响是微生物和酶对长期污染共同响应的结果，相较于培养实验更复杂。同时，土壤理化属性，比如土壤质地和养分状况等，也会影响重金属有效性以及微生物活性（Meng et al.，2018）。因此，在农田土壤中，研究重金属污染对酶活性的作用机制应同时关注重金属特性以及土壤理化属性等指标，这有助于明确重金属污染的生态响应。

1.2.3 重金属污染对土壤氮转化过程的影响

土壤氮循环是生物地球化学循环中重要的元素循环之一，包括硝化、反硝化、氮固定、厌氧氨氧化和硝酸盐还原等过程。微生物是驱动土壤氮循环的重要载体和介质，对氮平衡起着重要作用（贺纪正和张丽梅，2013）。在土壤氮转化过程中，硝化与反硝化过程是氮转化的主要过程（Davidson et al.，1986）。硝化过程可以通过完全硝化路径（Comammox路径）和传统路径完成（Daims et al.，2015）。传统路径包括2个步骤：氨氧化为亚硝酸盐是第一步骤也是限速步骤，由氨氧化古菌和氨氧化细菌执行（Venter et al.，2004；Könneke et al.，2005）；随后亚硝酸盐再被氧化成硝酸盐。反硝化过程涉及很多连续的反应，硝酸根（NO_3^-）通过由不同功能基因（如 *narG*、*nirS*、*nirK*和 *nosZ*）编码的酶逐步转化为亚硝酸根（NO_2^-）、一氧化氮（NO）、氧化亚氮（N_2O）和氮气（N_2）（Morales et al.，2010）。

氨氧化基因对土壤重金属胁迫较为敏感。Li等（2009）比较了不同Cu含量土壤氨氧化古菌（AOA）*amoA*和氨氧化细菌（AOB）*amoA*基因的丰度，结果表明，*amoA*基因与Cu含量呈负相关关系，而AOB比AOA更敏感。Ollivier等（2012）研究发现，在As和Pb含量较高的土壤中，AOA *amoA*和AOB *amoA*基因的丰度显著降低，且AOB *amoA*的敏感性高于AOA *amoA*。在重金属Cd污染的土壤中也发现了类似的结果（Zhang et al.，2017）。AOA *amoA*基因比AOB *amoA*基因抗性更强的原因可能是许多重金属在价态较低时毒性较小，而AOA具有还原金属离子的能力，有利于金属解毒（Li et al.，2017）；而且AOA的物种可能比AOB的物种具有更稳定的膜（Valentine，2007）。与上述观点相反，Mertens等（2009）指出，在Zn污染的土壤中，与

AOB *amoA*基因丰度相比，AOA *amoA*基因丰度下降得更快且对Zn的敏感性更高。在长期抵抗Zn的发展过程中，AOB *amoA*基因拷贝数和基因转录数增加并且AOB群落结构发生变化，而AOA对Zn没有反应。这与Ruyters等（2010，2013）的研究结果相似。但是，第二年AOA *amoA*基因数量仍然丰富，但未检测到表达（Mertens et al.，2009）。AOA群落能否适应长期的重金属污染还需要进一步的探索。此外，AOA可能通过其他过程获得能量，或者一些AOA种群可能以孢子或休眠状态存活。然而，由于培养出的AOA有限，到目前为止AOA对外部环境响应的详细机制尚不清楚，需要进一步验证。

重金属污染对编码反硝化酶的功能基因有较大影响。许多研究人员探索了重金属对土壤反硝化基因的影响，发现最常见的抑制作用是减少遗传多样性（Moffett et al.，2003；Throback et al.，2007）。Sobolev和Begonia（2008）发现，Pb污染减少了*nirK*基因群落的多样性。然而，Throback等（2007）发现，银（Ag）含量升高降低了*nirK*基因拷贝数，但增加了*nirK*基因的多样性。Zhou等（2012）研究表明，Hg胁迫下*nirS*基因多样性明显增加。中度干扰假说可能能够解释重金属胁迫下多样性的提高：在众多竞争物种的环境中，金属胁迫减少了细菌种群内在的竞争排斥，并且导致其他物种的富集（Giller et al.，1998）。因此，重金属污染后反硝化基因增加的原因需要深入探究。不同反硝化基因对相同环境压力的响应差异较大（Throback et al.，2007；Hai et al.，2009；Yoshida et al.，2010）。在Hg胁迫下，*nirS*基因丰度明显变化，而*nosZ*基因在所有处理中均未有变化，说明*nirS*基因比*nosZ*基因对Hg更敏感（Zhou et al.，2012）。土壤*nosZ*基因可能具有抵抗不同污染物的能力，并且在土壤系统中较为稳定（Ruyters et al.，2010；Zhang et al.，2016）。

重金属污染对土壤氮的转化过程（如矿化、硝化和反硝化等）有一定影响（Kandeler et al.，1996；Afzal et al.，2019），但结论不尽相同。Yu等（2021）发现，在湖南矿区芒草根际土中，高水平锑（Sb）、As污染区土壤硝化潜势要低于低水平污染区。Throback等（2007）发现，添加重金属Ag抑制了土壤反硝化过程。Liu等（2014）通过采集复合重金属污染水稻土发现，土壤硝化和反硝化潜势受到抑制，重金属胁迫对土壤氮转化过程的影响主要通过对氮转化功能微生物的影响来实现。Afzal等（2019）研究表明，Cd污染通过减少稻田土壤AOA、AOB、*nirS*、*nirK*和*nosZ*的丰度来降低氮转化过程。然而，一些试验结果显示，重金属污染能促进土壤氮转化过程。Nahar等（2020）通过野外采集水稻土发现，土壤净硝化速率与Pb和Zn含量正相关，但与Cu含量负相关。Zhang等（2021a）报道，在太湖流域不同土地利用类型的土壤中，重金属有效性与自养氨氧化微生物丰度正相关，包括AOA、AOB、anammox和*Acidimicrobiaceae* sp. A6。农田氨氧化速率较高不利于氮的保持和利用，因此，深入了解农田土壤氮转化过程对重金属污染的响应特征对农田氮肥优化管理至关重要。

1.2.4 现有研究存在的不确定性

过去关于土壤微生物对重金属胁迫响应的研究大多只关注微生物多样性和群落组成的变化，对细菌和真菌生态模块在重金属污染情景下的转变了解较少。另外，微生物对重金属污染土壤具有巨大的生物修复潜力，而目前对重金属胁迫较为敏感的微生物和抗性微生物物种的研究较少。

之前的研究主要集中于重金属污染下土壤微生物生物分类学特征，而对微生物在群落或分子层面的代谢、活性和功能如何响应土壤重金属污染的研究相对较少。同时，重金属污染如何通过微生物影响土壤碳、氮、磷等元素转化过程未得到应有的关注，这些信息可能为受重金属污染农业土壤制定生物修复策略提供方向。

过去关于土壤氮转化过程对重金属污染响应的研究主要集中于氮转化过程潜势或氮循环功能微生物的分布和变化，鲜有研究同步测定土壤N_2O排放通量、微生物群落结构和相关功能基因，对重金属积累下土壤氮循环过程和微生物关键功能类群的耦合作用缺乏准确的评估。当前水稻生产采用不同的水分管理措施，而重金属污染在不同水分条件下对水稻土氮转化过程的影响尚不明确。

第2章 研究内容与方法

2.1 研究内容

本研究以重金属污染下的红壤性水稻土为研究对象，探究污染水稻土重金属的区域分布和微生物多样性，以及重金属积累下土壤氮循环过程和微生物关键功能类群的耦合作用，深入揭示红壤丘陵区重金属污染情景下水稻土氮循环响应特征及微生物驱动机制。围绕"重金属胁迫下红壤性水稻土氮转化和微生物群落的耦合作用机制"这一科学命题，本书基于江西省泰和县仙槎河污灌区，以重金属污染下的红壤性水稻土为研究对象，通过野外调查采样和室内重金属添加模拟实验，综合运用常规生化分析和分子生物学等手段，从格局-过程-机理3个层面，系统开展以下4个方面的研究。

2.1.1 重金属污染胁迫下水稻土细菌群落的响应及驱动因素

以仙槎河污灌区表层水稻土细菌群落为研究对象，利用高通量测序技术确定细菌群落的组成，探究长期重金属污染对水稻土细菌多样性、群落组成和结构的影响，并通过物种差异分析和样品间差异分析，明确细菌生态模块在土壤重金属污染下的转变，确定主要的重金属抗性或敏感细菌物种，结合土壤环境因子，探讨影响细菌群落结构的主导因素。

2.1.2 重金属污染胁迫下水稻土真菌群落的响应及驱动因素

利用高通量测序技术确定土壤中真菌群落的结构，探究重金属污染对水稻土真菌多样性和群落组成的影响。测定土壤理化属性来探究土壤真菌群落变化的主要驱动因素。通过构建网络模块，明确真菌共现网络对土壤重金属污染的响应，并鉴定出潜在的重金属抗性或敏感真菌物种。

2.1.3 重金属污染对水稻土微生物潜在功能及酶活性的影响及机理

通过宏基因组学技术确定仙槎河污灌区重金属污染下水稻土微生物元基因组的结构和潜在功能，比较不同污染程度微生物群落功能的差异，揭示重金属污染对水稻土微生物功能的影响。通过测定重金属污染土壤中水解酶和氧化酶的活性，阐明重金属污染对土壤中酶活性的影响。

2.1.4 重金属污染对水稻土氮转化过程的影响及微生物驱动机制

采集仙槎河污灌区未污染水稻土，构建不同水分条件和外源性重金属添加的微宇宙培养实验，测定土壤重金属含量、理化属性、N_2O通量、功能基因丰度以及微生物群落结构，明确重金属污染下的氮转化过程变化及微生物驱动机制。

研究总体技术路线如图2-1所示。

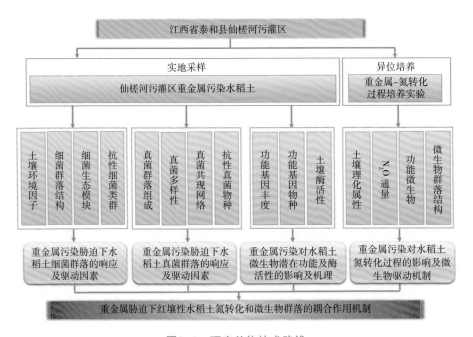

图2-1 研究总体技术路线

2.2 研究区概况与试验设计

2.2.1 研究区概况

研究区位于江西省吉安市泰和县仙槎河流域。仙槎河发源于泰和县中龙乡东合村和小龙镇瑶岭村,干流流经小龙镇、中龙乡、灌溪镇和万合镇,研究区域涉及8个乡镇49个村庄,主要为小龙镇、中龙乡、灌溪镇、万合镇和冠朝镇。仙槎河流域面积571 km^2,流域径流量3.24亿m^3。流域内主要的矿产资源为小龙钨矿,位于江西省泰和县小龙镇,矿山开采始于1934年,1953年被收为国有,根据国家政策,小龙钨矿实施了政策性关闭破产、改制重组,2002年11月组建江西小龙钨业有限公司,隶属江西钨业集团有限公司。长期矿山开采导致河流污染,使用污水灌溉使水稻田受到重金属污染,潜在威胁着当地居民身体健康与粮食安全。研究区属于中亚热带湿润季风气候,气候温和,光照充足,雨量充沛,四季分明。年均气温18.6 ℃,年均降水量1 726 mm,年均日照时数1 756 h。土壤类型主要以水稻土与旱地红壤为主,粮食作物以水稻为主。

2.2.2 野外试验设计

样品采集区位于江西省泰和县仙槎河污灌区,采样时间为2020年11月。根据仙槎河流向,从上游至下游共采集样品328个,包含水稻土样品304个、沉积物样品12个和河流水样12个。采样时,用GPS定位采样点位置。水稻土取样具体方法:在每个点位中选取4个10 m×10 m的样地,在每个样地内利用不锈钢土钻取5个0~15 cm表层土壤,均匀混合装袋。所有土壤样品均过2 mm筛以去除植物残体和砾石。土样低温冷藏带回实验室,每个样品分为3份,其中1份存储于4 ℃下用于测定土壤理化属性[含水量、溶解性有机碳(dissolved organic carbon,DOC)、铵态氮(NH_4^+-N)、硝态氮(NO_3^--N)、可溶性有机氮(dissolved organic nitrogen,DON)];1份土壤自然风干测定全量和有效态重金属(Cd、As、Cu、Cr、Pb、Ni、Zn)含量、pH、总碳、总氮、全磷和有效磷;1份土壤存储于-80 ℃下,用于细菌和真菌群落结构、宏基因组学及酶活性的测定。在河道岸边与水面接触处采集河流沉积物样品,深度为0~5 cm,将采集的样品放入聚乙烯瓶,并记录编号。河流水样采集位置同沉积物的采集位置一致,用清洗干净的直立式采样器采集表层水(距水面

0.5 m），存储于用河水充分润洗过的聚乙烯瓶中，同时记录周围环境状况。沉积物样品和河流水样带回实验室并测定重金属（Cd、As、Cu、Cr、Pb、Ni、Zn）含量。

2.2.3 重金属–氮转化过程培养实验设计

土壤样品采集于2022年5月，选取仙槎河污灌区平坦、未污染的水稻田，去除作物残茬、覆盖植被和枯枝落叶，采集0～15 cm土壤，带回实验室，风干，手动剔除可见根系、石块和土壤动物，过2 mm筛混匀，置于室内阴凉通风处保存备用。土壤的参数如下：总Cd含量，0.12 mg·kg^{-1}；总Cu含量，18.3 mg·kg^{-1}；pH 5.9；土壤全碳（total carbon，TC），22.6 g·kg^{-1}；土壤全氮（total nitrogen，TN），1.6 g·kg^{-1}；阳离子交换量（cation exchange capacity，CEC），5.3 cmol·kg^{-1}。

本实验设置6个重金属外源添加处理，分别为低水平Cd（LCd）、高水平Cd（HCd）、低水平Cu（LCu）、高水平Cu（HCu）、低水平Cd+低水平Cu（LCC）、高水平Cd+高水平Cu（HCC），另设一个不添加重金属的对照（CK）。外源添加低水平和高水平Cd的含量分别为2 mg·kg^{-1}和10 mg·kg^{-1}；低水平和高水平Cu的含量分别为200 mg·kg^{-1}和1 000 mg·kg^{-1}。Cd和Cu的添加形式分别为$CdCl_2·2.5H_2O$（99.95%，上海阿拉丁生化科技股份有限公司，中国）和$CuCl_2·2H_2O$（99.99%，上海阿拉丁生化科技股份有限公司，中国）。同时设置2个水分条件，分别为田间持水量的60%和淹水2 cm。每个处理3个重复，每个重复100 g干土，置于250 mL的玻璃培养瓶中，加入去离子水分别调节土壤含水量至田间持水量的60%和淹水2 cm。培养瓶在（25±1）℃恒温下预培养7 d，相对湿度为60%，以恢复微生物活性。称取相应重量的$CdCl_2·2.5H_2O$和$CuCl_2·2H_2O$溶于去离子水中，用注射器均匀喷洒于培养瓶中土壤的表面，然后用称重法补充水分。对照处理喷洒等量的去离子水。所有培养瓶在（25±1）℃恒温下连续培养56 d。培养过程中每2 d用称重法加入去离子水以保持土壤含水量。本培养实验共设置5套培养瓶，其中1套用来监测气体通量，另外4套用于土壤破坏性采样。共有培养装置210个（7×2×3×5）。培养过程中，分别于第0、第1、第3、第5、第7、第10、第14、第21、第28、第35、第42、第49、第56天测定培养瓶中的N_2O排放速率；并分别于第0、第7、第21、第56天采集土壤样品，用于土壤有效态Cd和Cu含量和理化属性（pH、

DOC、NH_4^+-N和NO_3^--N）的测定。选取第0天和第56天土壤样品进行宏基因组学的测定。

2.3 研究方法

2.3.1 土壤重金属的测定

土壤全量重金属（Cd、As、Cu、Cr、Pb、Ni、Zn）含量（以下简称为M_{tot}，M代表重金属）含量采用HF-HNO_3-$HClO_4$消煮，利用电感耦合等离子体质谱仪（ICP-MS，Thermo Fisher，USA）测定。采用标准参考物质GBW07429和空白对照进行质量控制，不同重金属的回收率为96%~103%。有效态重金属（Cd、As、Cu、Cr、Pb、Ni、Zn）含量（以下简称为M_{bio}，M代表重金属）采用DTPA（0.005 mol·L^{-1} DTPA-0.1 mol·L^{-1} TEA-0.01 mol·L^{-1} $CaCl_2$）浸提，利用电感耦合等离子体质谱仪（ICP-MS，Thermo Fisher，USA）测定。

2.3.2 土壤理化属性的测定

土壤TC和TN含量通过燃烧法在碳氮元素分析仪（Vario Max；Elementar，Langenselbold，Germany）上测定。土壤全磷和有效磷含量采用Olsen方法测定（Olsen et al., 1954）。利用pH计（Mettler Toledo，Switzerland）测定土壤pH，土水比为1∶2.5。土壤DOC利用总有机碳分析仪（Liqui TOC Ⅱ，Elementar，Germany）进行测定，具体步骤：称取15 g鲜土用去离子水浸提，离心后经0.45 μm滤膜抽滤，滤液利用总有机碳分析仪进行测定。土壤样品用2 mol·L^{-1} KCl溶液浸提，振荡1 h后用滤纸过滤，滤液利用流动分析仪（AA3，SEAL Company，Germany）测定土壤NH_4^+-N、NO_3^--N和总溶解性氮（total dissolved nitrogen，TDN）含量。DON含量由TDN与总无机氮（NH_4^+-N+NO_3^--N）之间的差值求得。

2.3.3 土壤N_2O排放速率的测定

采用改良的N_2O测定方法对培养实验土壤N_2O排放速率进行测定（Wu et al., 2015）。具体步骤：用连接三通阀的橡胶塞密封瓶子后，在第0、第15、第30和第45分钟时使用注射器从培养瓶顶部空间采集10 mL气体样品，注入真空瓶。然后使用气相色谱仪（Agilent 7890A，Santa Clara，California，USA）[配备使用N_2（99.999%）和H_2作为载气和燃气的电子俘获检测器（electron capture detector，ECD）]测定N_2O质量分数（图2-2）。土壤N_2O排放速率（$\mu g \cdot kg^{-1} \cdot h^{-1}$）为培养瓶内$N_2O$质量分数与培养时间之间的线性拟合斜率，土壤$N_2O$累积排放量（$\mu g \cdot kg^{-1}$）为$N_2O$排放速率与培养时间的乘积。

图2-2　土壤N_2O排放速率测定过程

2.3.4　土壤微生物群落结构的测定

称取0.5 g土壤，使用PowerSoil® DNA Isolation Kit（Mo Bio Laboratories，CA，USA）提取土壤DNA，具体步骤参照试剂盒说明。提取的DNA含量和质量由NanoDrop 2000分光光度计（Thermo Fisher Scientific，USA）检测。选用引物为338F_806R（ACTCCTACGGGAGGCAGCA、GGACTACHVGGGTWTCTAAT）（Du et al.，2018）和ITS1F_ITS2（CTTGGTCATTTAGAGGAAGTAA、GCTGCGTTCTTCATCGATGC）（Nottingham et al.，2018），分别对细菌16S rRNA基因V3～V4区以及真菌ITS1区进行扩增。土壤细菌和真菌群落组成和结构采用高通量测序技术测定，通过Illumina NovaSeq测序平台（paired-end 250-bp mode）进行扩增子测序。随后使用Quantitative Insights Into Microbial Ecology（QIIME2）过滤和分析原始测序数据（Bolyen et al.，2019），并采用DADA2方法完成去引物、质量过滤、去噪、拼接和去嵌合体等步骤（Callahan et al.，2016）。在工作流程结束时，生成扩增子序列变体（amplicon sequence variant，ASV）的代表性序列

和ASV表格，并去除只有单条代表序列的ASVs（即在全体样本中，序列总数仅为1的ASVs）。细菌和真菌ASVs分别与SILVA数据库（Quast et al.，2013）和UNITE数据库（version 8.0）（Koljalg et al.，2013）进行分类信息比对。所有样本都重采样到相同的测序水平，以避免测序深度对细菌和真菌群落的影响。细菌和真菌的原始测序数据均上传至NCBI的序列读取存档（Sequence Read Archive，SRA）数据库，登录号分别为PRJNA908650和PRJNA832480。

2.3.5 土壤宏基因组测序

宏基因组文库是使用NEB Next Ultra DNA Library Prep Kit for Illumina（New England Biolabs，MA，USA）构建的，具体步骤参照试剂盒说明。文库质量通过Qubit 3.0荧光计（Life Technologies，Grand Island，NY，USA）和Agilent 4200（Agilent，Santa Clara，CA，USA）系统进行评估。使用Illumina Hiseq X-ten平台（paired-end 150 bp reads）进行测序。使用Trimmomatic v0.36原始reads对进行质量控制（Bolger et al.，2014），然后使用MEGAHIT v1.0.6组装成更长的contigs（Li et al.，2015）。使用MetaGeneMark v3.38预测contigs ≥500 bp的开放阅读框（open reading frames，ORF）（Zhu et al.，2010）。使用BBMap（http://jgi.doe.gov/data-and-tools/bbtools/）将每个样本的reads映射到contigs以计算相对丰度。根据京都基因与基因组百科全书（Kyoto Encyclopedia of Genes and Genomes，KEGG）数据库对contigs进行注释以进行功能分析（Kanehisa and Goto，2000），同时也对高质量数据集和拼接序列进行物种注释，获得种以及种以下精细水平的物种组成谱。KEGG数据库中Cu和Cd抗性基因、碳固定过程相关模块以及氮代谢相关功能基因见表2-1、表2-2和表2-3。宏基因组的原始测序数据上传至NCBI的SRA数据库，登录号为PRJNA908650。

表2-1 KEGG数据库中Cu和Cd抗性基因

功能基因（亚基）	注解	KEGG编号
Cu抗性基因		
copA	P-type Cu^+ transporter	K17686
copB	P-type Cu^{2+} transporter	K01533

（续表）

功能基因（亚基）	注解	KEGG编号
copZ	copper chaperone	K07213
pcoB	copper resistance protein B	K07233
pcoC	copper resistance protein C	K07156
pcoD	copper resistance protein D	K07245
ccmF	cytochrome c-type biogenesis protein CcmF	K02198
cusA	copper/silver efflux system protein	K07787
cusB	membrane fusion protein, copper/silver efflux system	K07798
cusF	Cu（Ⅰ）/Ag（Ⅰ）efflux system periplasmic protein CusF	K07810
cusR	two-component system, OmpR family, copper resistance phosphate regulon response regulator CusR	K07665
cusS	two-component system, OmpR family, heavy metal sensor histidine kinase CusS	K07644
cueR	MerR family transcriptional regulator, copper efflux regulator	K19591
actP	cation/acetate symporter	K14393
mmcO	multicopper oxidase	K22552
cutC	copper homeostasis protein	K06201
csoR	CsoR family transcriptional regulator, copper-sensing transcriptional repressor	K21600
Cd抗性基因		
zntA	Zn^{2+}/Cd^{2+}-exporting ATPase	K01534
czcA	heavy metal efflux system protein	K15726
czcB	membrane fusion protein, heavy metal efflux system	K15727
czcC	outer membrane protein, heavy metal efflux system	K15725
czcD	cobalt-zinc-cadmium efflux system protein	K16264
cadC	ArsR family transcriptional regulator, lead/cadmium/zinc/bismuth-responsive transcriptional repressor	K21903
zipB	zinc and cadmium transporter	K16267

表2-2　KEGG数据库中碳固定过程相关模块

碳固定过程	注解	KEGG编号
rTCA	the reductive citric acid cycle	M00173
Calvin cycle	reductive pentose phosphate cycle	M00165
Wood-Ljungdahl pathway	reductive acetyl-CoA pathway	M00377
3-HP/4-HB	hydroxypropionate-hydroxybutylate cycle	M00375
DC/4-HB	dicarboxylate-hydroxybutyrate cycle	M00374
3-HP	3-hydroxypropionate bi-cycle	M00376

注：rTCA，还原柠檬酸循环；Calvin cycle，卡尔文循环；Wood-Ljungdahl pathway，还原性乙酰辅酶A途径；3-HP/4-HB，3-羟基丙酸/4-羟基丁酸循环；DC/4-HB，二羧酸/4-羟基丁酸循环；3-HP，3-羟基丙酸双循环。

表2-3　KEGG数据库中氮代谢相关功能基因

功能基因（亚基）	注解	KEGG编号
硝酸盐同化还原为铵（ANRA）		
nasA	assimilatory nitrate reductase catalytic subunit	K00372
nasB	assimilatory nitrate reductase electron transfer subunit	K00360
narB	ferredoxin-nitrate reductase	K00367
nirA	ferredoxin-nitrite reductase	K00366
硝酸盐异化还原为铵（DNRA）		
nrfA	nitrite reductase（cytochrome c-552）	K03385
nrfH	cytochrome c nitrite reductase small subunit	K15876
nirB	nitrite reductase（NADH）large subunit	K00362
nirD	nitrite reductase（NADH）small subunit	K00363
反硝化过程		
narG	nitrate reductase / nitrite oxidoreductase，alpha subunit	K00370
narH	nitrate reductase / nitrite oxidoreductase，beta subunit	K00371
narI	nitrate reductase gamma subunit	K00374

(续表)

功能基因（亚基）	注解	KEGG编号
napA	nitrate reductase（cytochrome）	K02567
napB	nitrate reductase (cytochrome), electron transfer subunit	K02568
nirK	nitrite reductase (NO-forming)	K00368
nirS	nitrite reductase (NO-forming) / hydroxylamine reductase	K15864
norB	nitric oxide reductase subunit B	K04561
norC	nitric oxide reductase subunit C	K02305
nosZ	nitrous-oxide reductase	K00376
硝化过程		
amoA	methane/ammonia monooxygenase subunit A	K10944
amoB	methane/ammonia monooxygenase subunit B	K10945
amoC	methane/ammonia monooxygenase subunit C	K10946
hao	hydroxylamine dehydrogenase	K10535
固氮过程		
nifD	nitrogenase molybdenum-iron protein alpha chain	K02586
nifH	nitrogenase iron protein NifH	K02588
nifK	nitrogenase molybdenum-iron protein beta chain	K02591

2.3.6 土壤酶活性的测定

采用改良的微孔板法测定与土壤碳、氮和磷循环相关的7种水解酶（βG、βX、CBH、αG、NAG、ACP、LAP）和2种氧化酶（PhOx、Perox）活性（表2-4）（Saiya-Cork et al., 2002；German et al., 2011）。使用微孔板荧光法测定土壤水解酶活性。具体步骤：使用涡旋仪（Vortex-6，海门市其林贝尔仪器制造有限公司，中国）将2 g鲜土与125 mL 50 mmol·L^{-1}醋酸缓冲液混合，然后使用磁力搅拌器保持土壤悬浮液均匀。将醋酸缓冲液、土悬液、标准液（10 μmol·L^{-1}）和每种酶对应的底物（200 μmol·L^{-1}）添加到黑色96

孔微孔板中。将微孔板置于25 ℃环境中暗培养4 h，然后利用多功能酶标仪（SynergyH4，BioTek，美国）在365 nm激发和450 nm发射下对荧光进行定量，从而计算土壤水解酶活性。在透明的96孔微孔板中通过吸光光度法测定土壤PhOx和Perox活性。将微孔板置于25 ℃环境中暗培养18 h，使用多功能酶标仪测定460 nm处的吸光度来计算土壤氧化酶活性。每个样品设置8个重复，同时设置缓冲液空白、土壤本底、底物控制和标准曲线。本研究中的土壤酶活性表示为$nmol \cdot g^{-1} \cdot h^{-1}$。土壤酶活性用以下公式计算：

$$\frac{土壤水解酶活性}{(nmol \cdot g^{-1} \cdot h^{-1})} = \frac{净荧光值（A.U.）\times 土悬液总体积（mL）}{[荧光系数（A.U. \cdot nmol^{-1}）\times 微孔板中土悬液体积（mL）\times 培养时间（h）\times 土壤干重（g）]} \quad (2-1)$$

$$\frac{土壤氧化酶活性}{(nmol \cdot g^{-1} \cdot h^{-1})} = \frac{净荧光值（A.U.）\times 土悬液总体积（mL）}{[消光系数（A.U. \cdot nmol^{-1}）\times 微孔板中土悬液体积（mL）\times 培养时间（h）\times 土壤干重（g）]} \quad (2-2)$$

式中，荧光系数 = 标准曲线斜率/标液体积；消光系数 = 7.9 $A.U. \cdot \mu mol^{-1}$。

表2-4　土壤酶及其缩写、底物和对应的编号（EC）

土壤酶	缩写	底物[¶]	EC
β-1,4-葡萄糖苷酶（β-glucosidase）	βG	4-MUB-β-D-glucoside	3.2.1.21
β-1,4-N-乙酰葡糖胺糖苷酶（N-Acetyl-glucosaminidase）	NAG	4-MUB-N-acetyl-β-D-glucosaminide	3.2.1.30
酸性磷酸酶（acid phosphatase）	ACP	4-MUB-phosphate	3.1.3.2
β-1,4-木糖苷酶（β-xylosidase）	βX	4-MUB-β-D-xyloside	3.2.1.37
纤维二糖水解酶（cellobiohydrolase）	CBH	4-MUB-β-D-cellobioside	3.2.1.91
α-1,4-葡萄糖苷酶（α-glucosidase）	αG	4-MUB-α-D-glucoside	3.2.1.20
亮氨酸氨基肽酶（L-leucine aminopeptidase）	LAP	L-leucine-7-amino-4-methylcoumarin	3.4.11.1
酚氧化酶（phenol oxidase）	PhOx	L-DOPA	1.10.3.2
过氧化物酶（peroxidase）	Perox	L-DOPA	1.11.1.7

注：[¶] 4-MUB为4-methylumbelliferyl；L-DOPA为L-3,4-dihydroxyphenylalanine。

第3章 水稻土Cu和Cd协同污染对土壤细菌群落的影响

3.1 引言

人为活动造成的重金属污染对陆地和水生环境的生物多样性和功能、食品安全以及全球人类健康构成严重威胁（Gall et al.，2015；Alava et al.，2017）。土壤Cu和Cd污染由于其分布广泛和对人类存在潜在威胁，已受到全世界的关注（Rizwan et al.，2016）。在中国，根据对355个农田土壤样本和219个城市土壤样本的文献调查，约有33.54%的农田土壤和44.65%的城市土壤受到Cd污染的威胁（Yuan et al.，2021）。大量的Cu和Cd输入到环境中，会对土壤微生物群落及其相关的生态系统功能产生巨大的影响（Song et al.，2018；Luo et al.，2019）。许多短期或长期试验的研究均表明，重金属Cu和Cd污染改变了土壤微生物群落及其生态系统功能（Afzal et al.，2019；Zhao et al.，2020a；Zhang et al.，2022）。然而，对于土壤Cu和Cd协同污染如何影响农业土壤中细菌群落，目前仍缺少认知。

生态网络中微生物类群的强烈共现通常称为生态集群或模块（Delgado-Baquerizo et al.，2018a）。不同的微生物生态模块通常会对特定的环境条件表现出一定的偏好性，进而影响土壤养分循环和生态系统服务功能（Hartman et al.，2018）。例如，在长期施肥情景下，由主要固氮物种构建的一些生态集群与土壤固氮速率显著相关（Fan et al.，2019）。de Menezes等（2015）报道了某些生态集群内的微生物类群与土壤pH、生态系统类型和养分有效性存在较强的相关性。尽管这些生态集群对于理解土壤本土微生物群非常重要（Afzal et al.，2019），但是它们对农田土壤Cu和Cd污染梯度的响应并不十分清楚。网络分析已被用于揭示包括沉积物（Yin et al., 2015）和植物（Hartman et al., 2018）在内的各种环境中微生物之间复杂的相互作用。因此，构建生态网络对于研究土壤Cu和Cd协同污染下微生物相互作用和抗性土壤微生物的变化至关重要。

本章旨在阐明在区域范围内细菌群落结构对土壤Cu和Cd协同污染的响应。假设土壤细菌群落与环境因子的变化密切相关，并且在Cu和Cd协同污染土壤中存在重金属抗性细菌。从中国南方长期受河流污水灌溉影响的Cu和Cd污染农业地区采集水稻土壤，探究土壤细菌群落对Cu和Cd污染梯度的响应。采用环境因子分析和16S rRNA基因测序等方法，本章研究目的：①揭示Cu和Cd协同污染对水稻土细菌多样性和群落组成的影响；②明确细菌生态模块在土壤Cu和Cd协同污染下的转变；③确定潜在的重金属抗性或敏感细菌类群。

3.2 材料与方法

3.2.1 土壤重金属的测定

见第2章第2.3.1节。

3.2.2 土壤理化属性的测定

见第2章第2.3.2节。

3.2.3 土壤细菌群落结构的测定

在304个土壤样品中，选择了92个有代表性的土壤样品测定细菌群落结构，具体方法见第2章第2.3.4节。

3.2.4 细菌共现网络分析

本章构建了2个细菌共现网络。环境因子与ASVs之间的相互作用是使用R中的"igraph"包进行分析的。构建环境–细菌相关网络的阈值是Spearman相关系数$|r| > 0.6$和$P < 0.05$。得到的结果使用Gephi软件进行可视化分析（Bastian et al., 2009）。为了识别细菌类群的生态模块，本章构建了微生物–微生物相互作用网络。构建微生物–微生物相互作用网络的阈值是Spearman相关系数$|r| > 0.7$和$P < 0.001$。使用"greedy modularity optimization"方法确定细菌网络中的生态模块。利用"igraph"包中的Fruchterman-Reingold布局算法进行微生物–微生物相互作用网络的可视化分析。采用通过"trimmed means of

Mvalues"（TMM）方法计算的每百万计数（counts per million，CPM）来表示细菌生态模块的累积相对丰度。本章将同时通过"indicator species analysis"和"likelihood ratio test"方法确定的ASVs定义为区域敏感ASVs，其丰度在不同采样区域之间存在差异。

3.2.5 统计分析

在进行统计分析之前，分别采用Shapiro-Wilk检验和Levene检验来评估数据的正态性和方差齐性。使用单因素方差分析（analysis of variance，ANOVA）结合邓肯（Duncan）检验对采样区域之间的测定指标进行统计比较，$P<0.05$表明存在显著差异。采用QIIME2计算的Shannon指数、Simpson指数、Chao1指数和Observed species指数来评估细菌的α多样性。使用R中的"vegan"包，基于加权UniFrac距离矩阵进行主坐标分析（principal coordinate analysis，PCoA）（Lozupone et al.，2011）。利用相似性分析（analysis of similarity，ANOSIM）来检验细菌β多样性差异的显著性。使用线性或非线性回归来评估土壤Cu和Cd污染组分与Simpson指数、生态模块的累积相对丰度以及所选细菌类群的相对丰度之间的关系。使用R中的"randomForest"包进行随机森林（random forest，RF）分析以预测环境因子与细菌Simpson指数和生态模块累积相对丰度之间的关系。

3.3 结果与分析

3.3.1 土壤环境因子的变化

仙槎河上中游点位的河流沉积物呈现不同程度的Cu和Cd污染（表3-1），但河流水样无重金属污染。在所有土壤样品中，根据重金属含量选择了92个有代表性的土壤样品（编号为XCHB01～XCHB23，每个编号有4个重复）进行进一步分析，沿仙槎河流向将土壤样品分为3个区域，分别是流域上游（Zone Ⅰ，编号为XCHB01～XCHB06，24个土壤样品）、中游（Zone Ⅱ，编号为XCHB07～XCHB16，40个土壤样品）和下游（Zone Ⅲ，编号为XCHB17～XCHB23，28个土壤样品）。仙槎河流域水稻土主要的重金属污染是Cu和Cd污染，其他重金属含量基本不超标（表3-2）。重污染农田主要分布在仙槎河上游区域，而中污染农田主要分布在河流的中下游区域（图3-1）。

Zone Ⅰ的总量铜和总量镉（Cu_{tot}和Cd_{tot}）含量显著高于Zone Ⅱ和Zone Ⅲ。有效铜（Cu_{bio}）仅占Cu_{tot}的一小部分，平均为19.1%。然而，有效镉（Cd_{bio}）占Cd_{tot}的比例平均为60.6%。Cu_{bio}和Cd_{bio}的含量分布与Cu_{tot}和Cd_{tot}的含量分布相似，Zone Ⅰ的含量显著高于其他区域（图3-1）。

表3-1 仙槎河沉积物总量重金属含量

沉积物编号	纬度(°N)	经度(°E)	重金属含量/（mg·kg^{-1}）						
			Cu_{tot}	Cd_{tot}	As_{tot}	Cr_{tot}	Pb_{tot}	Ni_{tot}	Zn_{tot}
S1	26.67	115.27	40.65	0.74	18.45	99.35	44.19	31.68	113.72
S2	26.68	115.25	105.40	1.40	21.20	97.33	52.39	28.70	136.92
S3	26.71	115.20	136.50	3.17	27.23	78.04	39.98	23.34	124.29
S4	26.68	115.20	21.92	0.30	9.13	75.90	38.91	23.27	79.32
S5	26.71	115.17	136.25	2.35	26.59	67.99	40.13	22.83	129.01
S6	26.72	115.16	150.25	7.07	28.59	108.29	68.72	49.83	144.05
S7	26.75	115.12	46.13	1.65	21.86	79.69	47.12	33.52	112.83
S8	26.77	115.08	66.55	1.38	12.43	78.53	40.76	23.47	91.92
S9	26.77	115.07	11.85	0.22	6.95	36.09	16.19	6.49	26.29
S10	26.75	115.07	13.11	0.10	4.10	71.79	25.19	8.90	39.11
S11	26.79	115.04	38.97	1.07	11.92	60.58	34.91	26.55	92.61
S12	26.82	115.03	17.85	0.40	5.15	43.87	20.01	9.07	36.80

注：Cu_{tot}，总铜；Cd_{tot}，总镉；As_{tot}，总砷；Cr_{tot}，总铬；Pb_{tot}，总铅；Ni_{tot}，总镍；Zn_{tot}，总锌。

表3-2 3个采样区域的土壤总量重金属含量和内梅罗综合污染指数

采样区域	重金属含量/（mg·kg^{-1}）¶,†							内梅罗综合污染指数
	Cu_{tot}	Cd_{tot}	As_{tot}	Cr_{tot}	Pb_{tot}	Ni_{tot}	Zn_{tot}	
Zone Ⅰ	147.39±69.26a	1.09±0.61a	19.75±7.75a	77.72±9.49a	43.75±9.39a	18.74±2.67a	77.25±18.61a	2.99±1.45a
Zone Ⅱ	39.81±19.51b	0.47±0.23b	17.32±6.36ab	75.21±16.33a	42.01±9.41a	18.44±4.31a	71.75±17.87a	1.21±0.55b
Zone Ⅲ	21.45±5.09b	0.15±0.04c	15.68±6.82b	72.80±7.55a	40.03±8.29a	17.10±3.87a	66.49±26.30a	0.53±0.13c
Standard value§	50	0.3	30	250	80	60	200	/

注：¶缩写：Cu_{tot}，总铜；Cd_{tot}，总镉；As_{tot}，总砷；Cr_{tot}，总铬；Pb_{tot}，总铅；Ni_{tot}，总镍；Zn_{tot}，总锌。

§Standard value是指农用地土壤污染风险筛选值（引自GB 15618—2018）。

†数据是平均值±标准偏差。同列不同小写字母表示均值差异显著（$P<0.05$）。

所有土壤样品均为酸性，pH范围为4.4~6.2，Zone Ⅲ土壤pH显著低于其他区域（图3-1，表3-3）。Zone Ⅱ土壤TC和TN含量显著高于Zone Ⅰ和Zone Ⅲ，而Zone Ⅰ土壤TP和DOC含量最高。此外，Zone Ⅲ土壤的NO_3^--N含量最高，NH_4^+-N和DON含量最低。3个采样区域的土壤AP含量没有显著差异（图3-1，表3-3）。

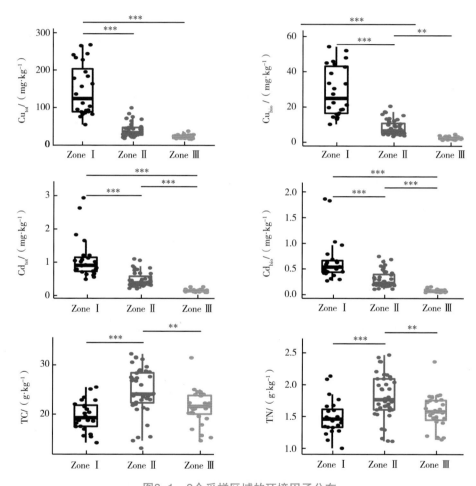

图3-1 3个采样区域的环境因子分布

注：*、**和***表示基于单因素ANOVA和Duncan检验结果的显著差异，置信水平分别为0.05、0.01和0.001；Cu_{tot}，总铜；Cu_{bio}，有效铜；Cd_{tot}，总镉；Cd_{bio}，有效镉；TC，总碳；TN，总氮；TP，全磷；DOC，溶解性有机碳；NH_4^+-N，铵态氮；NO_3^--N，硝态氮；DON，可溶性有机氮；AP，有效磷。

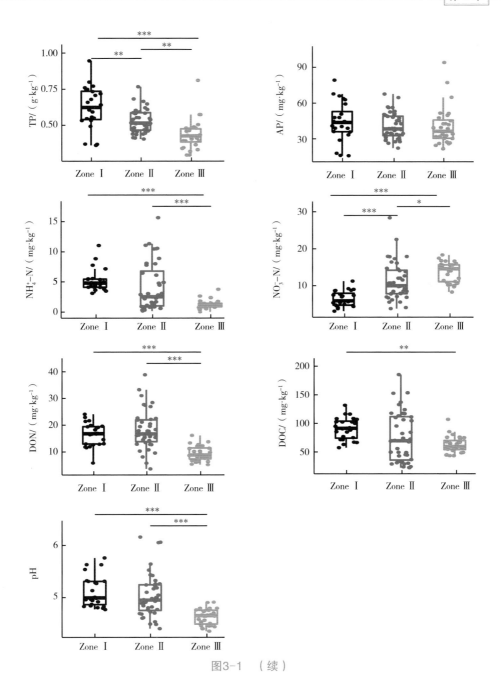

图3-1 （续）

表3-3 采样点的土壤理化属性

采样点	pH	TC/(g·kg^{-1})	TN/(g·kg^{-1})	TP/(g·kg^{-1})	NH$_4^+$-N/(mg·kg^{-1})	NO$_3^-$-N/(mg·kg^{-1})	DON/(mg·kg^{-1})	DOC/(mg·kg^{-1})	AP/(mg·kg^{-1})
XCHB01	5.06 ± 0.29	17.50 ± 3.81	1.41 ± 0.18	0.40 ± 0.06	5.00 ± 0.68	3.93 ± 0.69	17.66 ± 3.80	100.20 ± 26.33	19.67 ± 6.17
XCHB02	5.25 ± 0.08	19.15 ± 0.68	1.45 ± 0.11	0.55 ± 0.03	3.50 ± 0.29	6.41 ± 1.02	19.06 ± 0.60	92.01 ± 7.47	41.54 ± 7.21
XCHB03	4.92 ± 0.07	21.72 ± 4.51	1.81 ± 0.40	0.79 ± 0.11	4.38 ± 0.32	5.20 ± 0.83	16.74 ± 3.97	100.96 ± 19.99	56.13 ± 18.53
XCHB04	4.94 ± 0.08	18.68 ± 2.28	1.54 ± 0.21	0.56 ± 0.03	4.74 ± 0.53	7.29 ± 1.69	15.94 ± 2.70	85.28 ± 10.11	39.25 ± 4.62
XCHB05	4.87 ± 0.10	20.83 ± 2.15	1.31 ± 0.14	0.76 ± 0.03	4.86 ± 0.49	7.38 ± 2.04	10.86 ± 3.39	65.99 ± 8.13	64.21 ± 3.61
XCHB06	5.64 ± 0.09	20.25 ± 3.19	1.43 ± 0.30	0.68 ± 0.04	8.70 ± 1.72	8.50 ± 2.40	18.88 ± 5.79	100.21 ± 17.78	45.38 ± 3.41
XCHB07	5.16 ± 0.23	25.50 ± 1.74	1.90 ± 0.17	0.55 ± 0.08	9.07 ± 2.26	8.51 ± 0.87	18.33 ± 3.67	116.10 ± 7.32	38.06 ± 12.67
XCHB08	4.93 ± 0.18	25.86 ± 2.40	1.83 ± 0.20	0.67 ± 0.07	10.05 ± 1.35	10.81 ± 2.98	18.56 ± 4.22	126.58 ± 20.28	58.38 ± 6.47
XCHB09	4.96 ± 0.22	29.68 ± 1.97	2.25 ± 0.18	0.49 ± 0.04	2.27 ± 2.56	8.08 ± 2.28	28.51 ± 1.79	110.17 ± 22.88	33.08 ± 4.84
XCHB10	4.51 ± 0.08	28.19 ± 1.26	2.08 ± 0.11	0.43 ± 0.03	1.74 ± 1.02	4.90 ± 1.14	16.48 ± 2.83	79.06 ± 27.98	30.88 ± 3.02
XCHB11	4.75 ± 0.10	30.83 ± 1.42	2.27 ± 0.17	0.57 ± 0.03	0.74 ± 0.62	10.62 ± 3.68	30.56 ± 7.05	125.74 ± 53.14	45.17 ± 5.49
XCHB12	5.39 ± 0.12	17.29 ± 5.86	1.37 ± 0.27	0.50 ± 0.06	2.00 ± 2.02	12.14 ± 4.86	7.61 ± 3.50	24.80 ± 3.75	34.75 ± 9.37
XCHB13	5.82 ± 0.55	22.53 ± 0.96	1.63 ± 0.10	0.56 ± 0.03	4.76 ± 2.85	15.60 ± 2.51	14.66 ± 1.48	30.35 ± 5.43	32.54 ± 3.95
XCHB14	4.66 ± 0.12	19.22 ± 3.38	1.49 ± 0.35	0.55 ± 0.10	2.60 ± 0.32	10.58 ± 4.66	11.97 ± 3.86	38.73 ± 9.22	50.08 ± 13.19
XCHB15	4.98 ± 0.11	22.89 ± 1.17	1.68 ± 0.04	0.51 ± 0.03	0.92 ± 0.14	10.32 ± 1.41	19.08 ± 1.60	66.50 ± 7.35	47.00 ± 3.92

续表

采样点	pH	TC/(g·kg⁻¹)	TN/(g·kg⁻¹)	TP/(g·kg⁻¹)	NH₄⁺-N/(mg·kg⁻¹)	NO₃⁻-N/(mg·kg⁻¹)	DON/(mg·kg⁻¹)	DOC/(mg·kg⁻¹)	AP/(mg·kg⁻¹)
XCHB16	5.24±0.30	24.18±3.18	1.69±0.38	0.46±0.04	7.70±5.72	20.65±6.26	15.69±2.33	43.61±8.57	36.96±7.89
XCHB17	4.78±0.10	19.58±3.83	1.49±0.25	0.33±0.04	1.14±0.34	12.64±3.29	6.96±1.08	59.04±12.66	28.17±3.57
XCHB18	4.64±0.14	21.56±2.02	1.60±0.12	0.34±0.03	0.92±0.29	15.15±3.09	12.85±2.45	84.82±16.57	27.63±4.57
XCHB19	4.52±0.11	16.61±1.92	1.16±0.02	0.45±0.03	0.92±0.18	10.31±0.60	11.46±2.13	56.59±9.11	41.25±6.73
XCHB20	4.70±0.05	21.29±0.87	1.55±0.08	0.44±0.03	1.42±0.10	14.98±0.73	8.63±1.01	52.42±4.49	44.38±5.25
XCHB21	4.65±0.15	22.15±2.03	1.67±0.18	0.49±0.07	1.17±0.40	15.50±1.14	11.66±1.32	73.12±3.09	55.21±20.08
XCHB22	4.41±0.05	25.87±3.73	1.94±0.28	0.48±0.07	1.56±0.84	15.31±2.28	8.45±0.56	58.50±6.41	38.79±10.60
XCHB23	4.72±0.14	23.10±1.63	1.62±0.18	0.53±0.19	1.63±1.75	12.23±2.99	5.82±0.64	55.16±12.97	48.08±31.09

注：TC，总碳；TN，总氮；TP，全磷；NH₄⁺-N，铵态氮；NO₃⁻-N，硝态氮；DON，可溶性有机氮；DOC，溶解性有机碳；AP，有效磷。

3.3.2 细菌多样性和群落组成

在细菌α多样性指数中，Zone Ⅰ的Shannon指数和Simpson指数显著低于Zone Ⅱ和Zone Ⅲ（图3-2a）。然而，3个采样区域的Chao1指数和observed species指数显著差异（图3-2a）。主坐标分析（PCoA）表明，土壤细菌群落根据采样区域显著分离（图3-2b）。相似性分析（ANOSIM）结果表明，土壤细菌群落结构在3个采样区域具有显著差异（$R = 0.700\,6$，$P = 0.001$）。

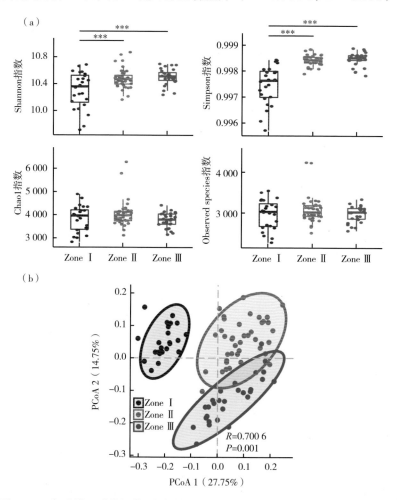

图3-2　3个采样区域的细菌α多样性指数（a）和细菌群落weighted UniFrac距离矩阵的主坐标分析（PCoA）（b）

注：***表示基于单因素ANOVA和Duncan检验结果的显著差异，置信水平为0.001。

所有土壤样本中最丰富的前10个细菌门分别是Proteobacteria（27.9%）、Chloroflexi（23.1%）、Acidobacteria（21.5%）、Actinobacteria（8.1%）、Nitrospirae（5.0%）、Bacteroidetes（3.5%）、Gemmatimonadetes（2.2%）、Rokubacteria（1.6%）、Patescibacteria（1.3%）和Verrucomicrobia（1.0%）（图3-3）。不同细菌门存在明确的区域特异性分布。例如，Chloroflexi、Actinobacteria、Gemmatimonadetes、Rokubacteria和Verrucomicrobia在Zone Ⅰ相对富集。Proteobacteria、Nitrospirae和Bacteroidetes在Zone Ⅱ显著富集，而Acidobacteria和Patescibacteria在Zone Ⅲ显著富集（图3-3）。在细菌属水平上，15个属在所有土壤样品中显示出较高的（>1%）相对丰度（图3-4）。AD3（4.8%）、Subgroup_2（2.1%）、HSB_OF53-F07（1.7%）和*Rokubacteriales*（1.0%）在Zone Ⅰ显著富集，KD4-96（4.1%）、BSV26（2.1%）、*Bryobacter*（1.6%）、Subgroup_7（1.4%）和SC-I-84（1.1%）在Zone Ⅱ和Zone Ⅲ显示出更高的相对丰度（图3-4）。

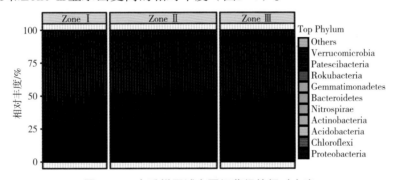

图3-3 3个采样区域主要细菌门的相对丰度

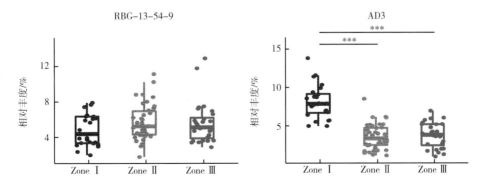

图3-4 3个采样区域主要细菌属的相对丰度

注：*、**和***表示基于单因素ANOVA和Duncan检验结果的显著差异，置信水平分别为0.05、0.01和0.001。

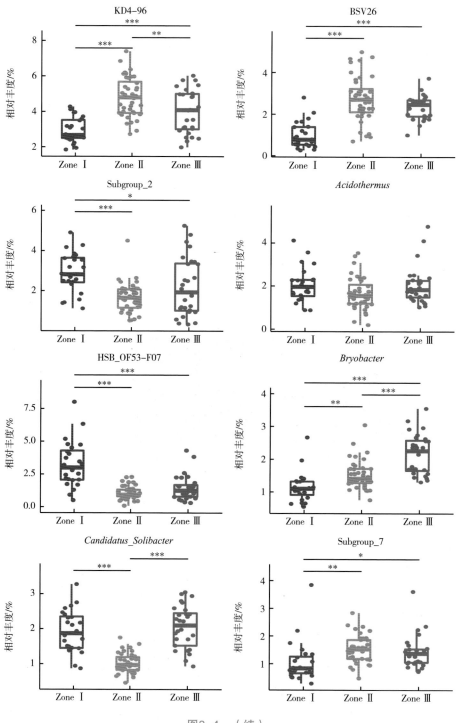

图3-4 (续)

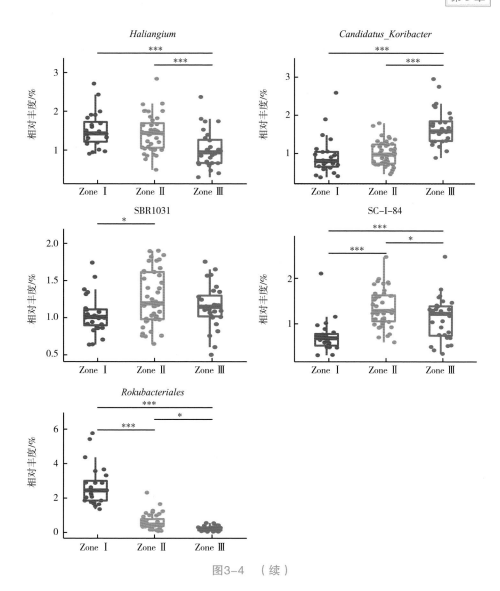

图3-4 （续）

3.3.3 环境因子与细菌群落之间的关系

随机森林分析显示，纳入模型的环境因子共解释了65%的细菌α多样性（由Simpson指数表示）的变异（图3-5a）。在选定的环境因子中，Cu_{tot}、Cu_{bio}和TP对Simpson指数变异的贡献最大，其次是Cd_{tot}、NH_4^+-N和Cd_{bio}（图3-5a）。回归分析表明，土壤重金属Cu_{tot}、Cd_{tot}、Cu_{bio}和Cd_{bio}与Simpson指数呈线性负相关，表明Cu和Cd污染降低了细菌多样性（图3-5b）。

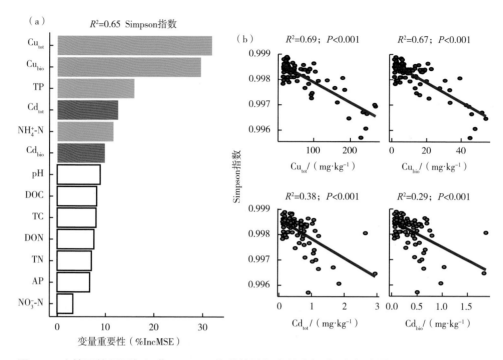

图3-5　土壤环境因子与细菌Simpson指数的随机森林分析（a）与全量Cu和Cd以及有效态Cu和Cd含量与Simpson指数的回归分析（b）

注：Cu_{tot}，总铜；Cu_{bio}，有效铜；Cd_{tot}，总镉；Cd_{bio}，有效镉；TP，全磷；DOC，溶解性有机碳；TC，总碳；DON，可溶性有机氮；TN，总氮；AP，有效磷；NH_4^+-N，铵态氮；NO_3^--N，硝态氮；绿色、红色和白色条分别表示$P<0.05$、$P<0.10$和$P>0.10$。

基于共现网络分析进一步研究了土壤环境因子与细菌ASVs之间的相关性。共现网络表明，4个重金属相关因子（Cu_{tot}、Cd_{tot}、Cu_{bio}和Cd_{bio}）与细菌ASVs具有较高的连接度（节点大），可能是塑造细菌群落的最重要变量（图3-6）。相比之下，与NO_3^--N、DON、pH、TP、NH_4^+-N、DOC和TC相关的节点相对较小（连接度低），表明这些因子可能对细菌群落的影响较小。该网络由7个模块组成，即模块Ⅰ~Ⅶ（图3-6）。共现网络中不同的生态模块表明存在不同的微生物功能，并且聚集在同一个模块中的环境因子对土壤微生物群落具有相似的影响。在本研究中，Cu相关因子（Cu_{tot}和Cu_{bio}）和Cd相关因子（Cd_{tot}和Cd_{bio}）分别被划分在模块Ⅰ和模块Ⅱ中（图3-6），说明Cu和Cd污染对土壤细菌群落的影响不同。

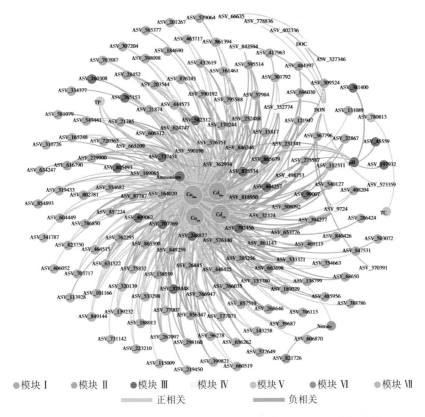

图3-6 共现网络分析显示的环境因子和细菌ASVs之间的相关性

注：绿线和红线分别表示显著的正连接和负连接（|Spearman相关系数| > 0.6，$P<0.05$）。节点的大小与连接数成正比。连接线的粗度与Spearman相关系数成正比。网络按模块着色，并且聚集在同一模块中的节点共享相同的颜色。

3.3.4 细菌共现网络

土壤细菌类群可以分为3个主要的生态模块（模块#1、模块#2和模块#3），它们彼此强烈共存（图3-7a）。不同的生态模块在矿区下游的3个采样区域中占主导地位（图3-7b）：Zone Ⅰ中模块#1的累积相对丰度显著高于Zone Ⅱ和Zone Ⅲ，而模块#2和模块#3的累积相对丰度在Zone Ⅲ最高（图3-7b）。Zone Ⅰ在模块#1的区域敏感ASVs占模块#1总ASV数量的94.6%。Zone Ⅲ在模块#2和模块#3的区域敏感ASVs分别占模块#2和模块#3总ASV数量的68.7%和82.8%（图3-7a）。生态模块的累积相对丰度对重金属含量的响应不同（图3-8）。例如，模块#1的累积相对丰度与Cu_{tot}（$R^2=0.73$，$P<0.001$）

和Cd_{tot}（$R^2=0.59$，$P<0.001$）的浓度之间存在显著的正相关关系，而模块#2的累积相对丰度与Cd_{tot}（$R^2=0.14$，$P<0.001$）的含量呈指数负相关，模块#3的

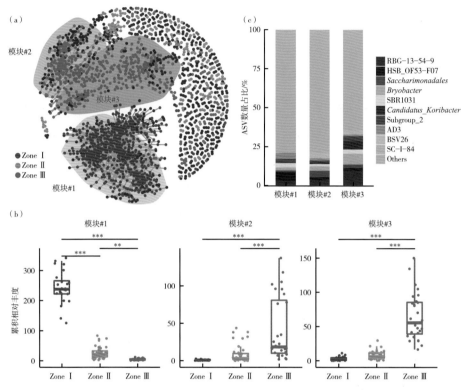

图3-7 共现网络可视化细菌相互作用的显著相关性（a）、3个采样区域模块的累积相对丰度（b）和3个模块中细菌属的ASV数量占比（c）

注：网络中Spearman相关系数>0.7，$P<0.001$；用灰线表示。ASVs通过与不同采样区域的关联着色。阴影区域代表网络模块#1、模块#2和模块#3。**和***表示在0.01和0.001水平由Duncan检验确定的显著差异。

累积相对丰度也与Cu_{tot}（$R^2=0.72$，$P<0.001$）和Cd_{tot}（$R^2=0.89$，$P<0.001$）的含量呈指数负相关。随机森林分析表明，全量Cu和Cd以及有效态Cu和Cd含量是生态模块累积相对丰度的主要预测因子（图3-9）。此外，土壤理化性质对细菌群落很重要，但它们的相对重要性在很大程度上取决于类群和模块。例如，NH_4^+-N、NO_3^--N和TC对模块#1累积相对丰度变异的贡献显著，而DON和DOC对模块#3累积相对丰度变异的贡献显著（图3-9）。环境预测因子与3个生态模块的累积相对丰度之间的Pearson相关性如表3-4所示。

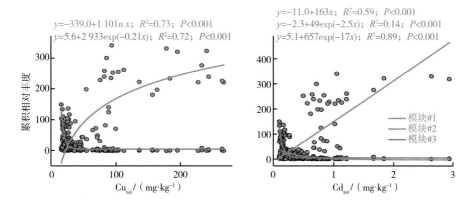

图3-8 土壤全量Cu和Cd含量与细菌主要生态模块累积相对丰度之间的回归分析

注：Cu_{tot}，总铜；Cd_{tot}，总镉。

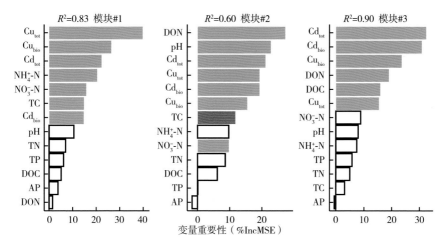

图3-9 土壤环境因子与细菌共现网络中3个主要生态模块累积相对丰度的随机森林分析

注：绿色、红色和白色条分别表示$P<0.05$、$P<0.10$和$P>0.10$；Cu_{tot}，总铜；Cu_{bio}，有效铜；Cd_{tot}，总镉；Cd_{bio}，有效镉；TC，总碳；TN，总氮；TP，全磷；DOC，溶解性有机碳；NH_4^+-N，铵态氮；NO_3^--N，硝态氮；DON，可溶性有机氮；AP，有效磷。

表3-4 环境因子与Simpson指数和生态模块累积相对丰度的Pearson相关系数

环境因子	Simpson指数	模块#1	模块#2	模块#3
Cu_{tot}	−0.84	0.82	−0.30	−0.42
Cd_{tot}	−0.63	0.77	−0.31	−0.50
Cu_{bio}	−0.82	0.82	−0.34	−0.46
Cd_{bio}	−0.54	0.73	−0.30	−0.50

（续表）

环境因子	Simpson指数	模块#1	模块#2	模块#3
pH	−0.21	0.28	−0.39	−0.44
TC	0.18	−0.31	0.11	−0.16
TN	0.18	−0.22	0.05	−0.17
TP	−0.62	0.55	−0.21	−0.51
NH_4^+-N	−0.23	0.37	−0.34	−0.44
NO_3^--N	0.35	−0.53	0.16	0.41
DON	−0.10	0.17	−0.46	−0.35
DOC	−0.17	0.30	−0.26	−0.19
AP	−0.36	0.19	−0.03	−0.11

注：Cu_{tot}，总铜；Cd_{tot}，总镉；Cu_{bio}，有效铜；Cd_{bio}，有效镉；TC，总碳；TN，总氮；TP，全磷；NH_4^+-N，铵态氮；DON，可溶性有机氮；DOC，溶解性有机碳；AP，有效磷。

每个生态模块都包含多个属于不同属的细菌分类群（图3-7c）。在模块#1中，HSB_OF53-F07和AD3是最主要的类别，而在模块#2中以*Saccharimonadales*和BSV26为主，在模块#3中以RBG-13-54-9、*Bryobacter*、*Candidatus_Koribacter*和*Subgroup_2*为主。某些细菌属的相对丰度与Cu_{tot}和Cd_{tot}的含量呈线性或指数相关。例如，AD3、HSB_OF53-F07、*Rokubacteriales*和*Nitrospira*的相对丰度与Cu_{tot}和Cd_{tot}的含量呈线性正相关（图3-10），而BSV26、*Bryobacter*、*Pajaroellobacter*和WPS-2的相对丰度分别与Cu_{tot}和Cd_{tot}的含量呈指数负相关（图3-11）。

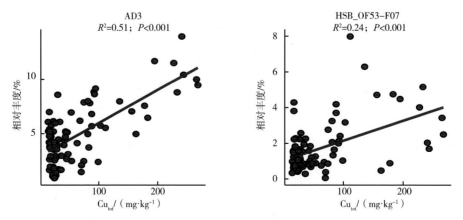

图3-10　土壤全量Cu和Cd含量与选定细菌属相对丰度之间的线性回归分析

注：Cu_{tot}，总铜；Cd_{tot}，总镉。

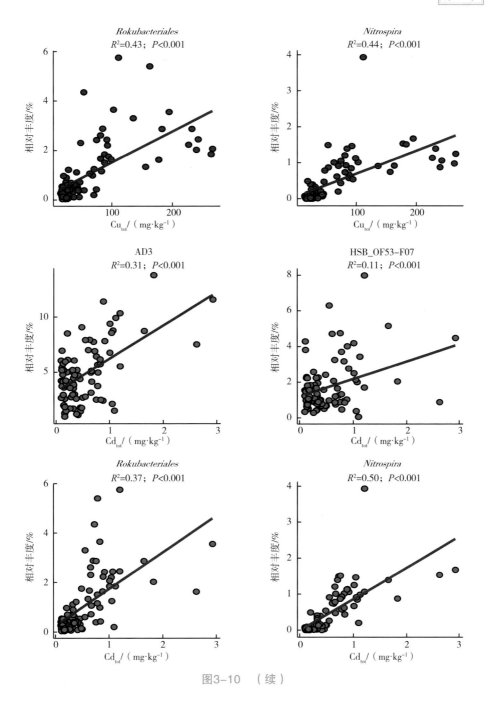

图3-10 （续）

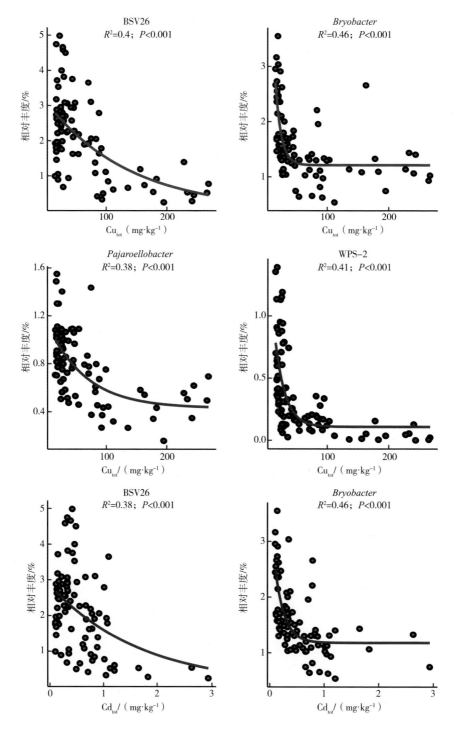

图3-11 土壤全量Cu和Cd含量与选定细菌属相对丰度的指数回归分析

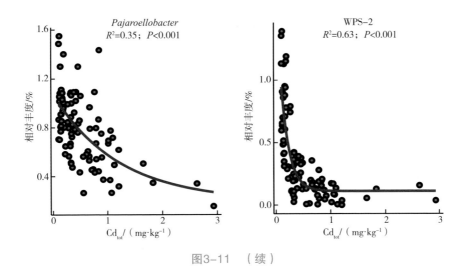

图3-11 （续）

3.4 讨论

3.4.1 环境因子对土壤细菌群落的影响

本研究的仙槎河沉积物中Cu和Cd含量较高，而河流水样未发现重金属污染，这表明仙槎河流域水稻土的Cu和Cd污染可能是历史污水灌溉导致的。仙槎河流域严重的Cu和Cd污染对本土微生物群落产生了显著的影响。土壤微生物多样性是评估生态系统功能的重要指标（Bowles et al., 2014），笔者通过随机森林模型和回归分析发现土壤Cu和Cd污染对细菌α多样性（Simpson指数）有负面影响（图3-5）。生物多样性的丧失可能会减少本土微生物所能提供的生态服务（Yan et al., 2017）。以往有研究报道了土壤细菌多样性在重金属污染下增加或不变（Chodak et al., 2013；Wu et al., 2017），例如，Fe、Ni和Cd等重金属可以加速微生物代谢，而且它们的毒性随剂量而变化（Oladipo et al., 2018）。本研究的结果与这些研究相反。在本研究中，重金属Cu和Cd胁迫可能抑制或导致敏感微生物的死亡以及细菌种类的减少，从而降低微生物的遗传多样性（Marques et al., 2009）。

Cu和Cd污染的选择性压力导致细菌种群出现明显的系统发育聚类（图3-2b）。这表明重金属在微生物群落组装中起着关键作用，这与其他受污染土壤的结果一致（Wu et al., 2017；Li et al., 2021a）。本研究发现，不同梯度的Cu和Cd污染显著改变了细菌群落组成（图3-3，图3-4），这可能归因于对重金属抗性不同的微生物种群在重金属胁迫下的差异性响应（Xu et al.，2018）。在本研究中，Proteobacteria、Chloroflexi和Acidobacteria是水稻土中主要的细菌门类（图3-3）。本研究的细菌群落组成与其他土壤类型中的群落组成相似，但不同土壤类型的细菌种群比例不同（Chodak et al.，2013）。细菌门类Chloroflexi、Actinobacteria、Gemmatimonadetes和Rokubacteria是重度污染区域中最富集的细菌物种，表明它们能够适应Cu和Cd协同污染的环境。例如，Chloroflexi在极端环境中普遍存在，而且对糖呼吸、发酵和二氧化碳固定至关重要（Hug et al.，2013）。然而，Patescibacteria对重金属污染较为敏感，这可能与基因组减少导致的代谢潜力和应激反应降低有关（Tian et al.，2020）。重金属抗性微生物可以补偿敏感物种的减少，来维持稳定的微生态环境（Awasthi et al.，2014）。

本研究采用共现网络分析探讨了细菌群落和环境因子之间的相互作用（图3-6）。笔者发现，Cu和Cd相关环境因子（如Cu_{tot}、Cd_{tot}、Cu_{bio}和Cd_{bio}）与细菌ASVs的连接度大于土壤常规理化属性，表明重金属污染可能对土壤本土微生物的影响更大。尽管Cu_{bio}含量只占全量Cu含量的一小部分，但是Cu_{bio}对细菌种群的影响更大。这主要是因为重金属的生物可利用组分很容易从土壤基质中释放出来，从而被微生物细胞所吸收（Sullivan et al.，2013）。此外，共线网络分析还发现，土壤Cu和Cd污染组分与AD3（如ASV_248877、ASV_795588和ASV_865300）、HSB_OF53-F07（如ASV_231341、ASV_554682、ASV_737451、ASV_802781和ASV_818950）、*Rokubacteriales*（如ASV_170244和ASV_582312）和*Nitrospira*（如ASV_653776、ASV_720365、ASV_805493和ASV_87787）相关的ASVs呈正相关，表明这些微生物对土壤Cu和Cd污染具有耐受性。

3.4.2 细菌生态集群分布和核心种群的变化

微生物之间的相互作用在调节微生物对重金属污染的适应性方面尤为重要（Frossard et al.，2018）。随机森林分析表明，Cu和Cd是细菌共生网络中生态模块的重要预测因子（图3-9）。此外，土壤Cu和Cd污染的增加显著改变了某些模块的累积相对丰度（图3-8）。与重金属高度相关的生态模块可能会聚集对重金属耐受或敏感的微生物（Liu et al.，2018a）。在本研究区域中，模块#1的累积相对丰度随着Cu和Cd含量的增加而增加。该模块主要由AD3、HSB_OF53-F07、*Rokubacteriales*和*Nitrospira*组成，这些细菌属的相对丰度随着Cu和Cd含量的升高而增加（图3-7c和图3-10）。这些细菌属在Zone Ⅰ中的相对丰度较高（图3-4），它们可能有特别的能力抵抗重金属污染环境。与模块#1相反，土壤Cu和Cd含量的增加显著降低了模块#2和模块#3的累积相对丰度。细菌属BSV26、*Bryobacter*、*Pajaroellobacter*和WPS-2出现在这2个模块中，并且在Zone Ⅱ和Zone Ⅲ中富集。这些细菌属的相对丰度与土壤Cu和Cd含量之间的负相关关系表明它们对重金属污染环境较为敏感（图3-11）。这些发现表明，土壤Cu和Cd含量的变化改变了细菌生态模块的分布格局。与之前的研究（Delgado-Baquerizo et al., 2018a; Liu et al., 2018a）一致，其他环境预测因子与生态模块的累积相对丰度密切相关（图3-9）。

细菌属AD3和HSB_OF53-F07均属于Chloroflexi门类，可能对重金属毒性具有较高的抵抗能力，这使其在重金属污染的环境中相对富集（Liu et al., 2021; Lin et al., 2022）。然而，这2个类群在Cu和Cd协同污染土壤中的生理作用仍不清楚。这些细菌类群的存在表明新型细菌对极端环境具有较强的适应性。细菌属*Rokubacteriales*可以通过膜吸附、抗氧化系统和细胞内络合等方式（Shahid et al., 2017b）抵御受污染的农田中多种重金属的毒害（Liu et al., 2022）。据报道，*Rokubacteriales*还具有进行有氧呼吸、发酵代谢和氮呼吸的潜力（Becraft et al., 2017）。在本研究中，土壤Cu和Cd污染改变了*Rokubacteriales*的相对丰度，这可能对土壤中的碳和氮循环产生影响。此外，细菌属*Nitrospira*表现出对Cd的高度耐受性，这主要是由于*Nitrospira*会产生过量的电子传输细胞色素c蛋白（Lin et al., 2021）。这一发现与本研究的结果一致，即细菌属*Nitrospira*在Zone Ⅰ中显著富集。这些细菌种群对土壤Cu和Cd污染的高度适应性，使其成为有前景的污染土壤生物修复候选物种。相反，一些细菌属如BSV26、*Bryobacter*、*Pajaroellobacter*和WPS-2的相对丰度随土壤Cu和Cd含量的增加呈指数减少。这些属在与优势细菌类群的竞争中处于劣势地位，可能是因为它们对重金属污染较为敏感。重金属抗性和敏感物种的变化改变了生态集群的分布，而且细菌可能通过改变微生物共现模式来适应土壤Cu和Cd协同污染。

3.5 本章小结

本章探讨了土壤细菌群落对中国南方水稻土长期Cu和Cd协同污染的适应性和响应。土壤Cu和Cd污染组分与细菌α多样性呈显著负相关关系。重金属污染改变了细菌的群落组成，这些污染组分对细菌群落的影响高于土壤理化属性。而且，土壤Cu和Cd协同污染下细菌共现网络生态模块的变化可能对生态系统功能产生影响。细菌属AD3、HSB_OF53-F07、*Rokubacteriales*和*Nitrospira*的相对丰度与土壤Cu和Cd含量呈正相关关系，说明它们可能能够抵抗重金属的毒性。而BSV26、*Bryobacter*、*Pajaroellobacter*和WPS-2的相对丰度随着Cu和Cd含量的增加而降低，说明它们对重金属污染环境较为敏感。本章研究结果提高了对在重金属污染水稻土中实施生物修复策略的微生物潜力的理解。

第4章 水稻土Cu和Cd协同污染对土壤真菌群落的影响

4.1 引言

土壤中的重金属主要来源于采矿、冶炼、农业生产和发电等人类活动，并在全球范围内积累（Sherman et al., 2012；Shi et al., 2019）。与有机污染物不同，重金属不会降解，而是会在土壤和沉积物中生物积累，从而威胁环境安全和公共健康（Rehman et al., 2018）。在重金属中，Cu和Cd因其毒性高、分布范围广且在农业土壤中持久存在而备受关注（Sheldon and Menzies, 2005）。例如，在中国南方矿区周围的水稻土中发现了过量的Cu（109~1 313 mg·kg^{-1}）（Zhuang et al., 2009）。基于meta分析的研究表明，中国29.4%的农田土壤已经受到了重金属Cd的污染（Huang et al., 2019）。过量Cu和Cd输入到环境中不仅会损害土壤生物多样性及其相关的生态系统功能，还会通过食物链影响人类健康（Haider et al., 2021）。

土壤微生物参与各种生态系统过程，如养分循环等（Fierer, 2017）。微生物很容易受到外部环境变化的影响，从而对生态系统功能产生巨大影响（Liu et al., 2020a）。目前大多数对土壤重金属与微生物之间关系的研究仅考虑了细菌群落（Li et al., 2021b；Wu et al., 2022）。例如，Liu等（2015）报道称重金属Cu是解释细菌群落变化的主要因素之一，也有研究发现Cd污染减少了深层红壤中细菌物种的丰富度和多样性（Song et al., 2021）。相比之下，Cu和Cd协同污染对土壤真菌群落的影响尚未得到深入的研究。真菌在有机物分解中起着至关重要的作用，其中一些真菌可以与植物耦合以增强植物的养分吸收能力和植物对重金属胁迫的耐受性（Zeilinger et al., 2016）。

因此，探究真菌群落组成有利于制定Cu和Cd共同污染农业土壤的生物修复策略。

土壤微生物的种群在生态网络中强烈共现，形成生态集群或模块（de Menezes et al., 2015）。这些生态模块遵循特定的环境偏好，对调控土壤生物地球化学过程和生态功能十分重要（Delgado-Baquerizo et al., 2018b）。例如，古菌、细菌和真菌在某些生态模块中的相互作用程度与养分循环和储存密切相关（Creamer et al., 2016）。尽管这些生态模块对深入认识土壤微生物群落构建及功能发挥至关重要，土壤真菌中的生态模块对Cu和Cd协同污染的响应尚未明确（Shi et al., 2016a）。因此，构建和分析生态网络有利于确定真菌种群相互作用的转变，以及鉴定重金属污染下的抗性或敏感真菌种群。

在本章研究中，假设土壤真菌群落是生态位驱动的，并且存在重金属抗性和敏感真菌种群。基于从中国南方收集长期被矿井排水污染的水稻土，采用环境因子分析和真菌ITS扩增子测序，来揭示土壤真菌群落对Cu和Cd污染的响应。本章研究目的：①探究Cu和Cd协同污染对水稻土中真菌多样性和群落组成的影响；②明确真菌共现网络对土壤Cu和Cd协同污染的响应；③鉴定出重金属抗性或敏感的真菌物种。

4.2 材料与方法

4.2.1 土壤重金属的测定

见第2章第2.3.1节。

4.2.2 土壤理化属性的测定

见第2章第2.3.2节。

4.2.3 土壤真菌群落结构的测定

在304个土壤样品中，选择了92个有代表性的土壤样品测定真菌群落结构，具体方法见第2章第2.3.4节。

4.2.4 真菌共现网络分析

本章构建了2个真菌共现网络分析。环境-真菌相互作用网络是用R中的

"igraph"包计算的，阈值为Spearman相关系数$|r|>0.4$且$P<0.001$。得到的结果使用Gephi软件进行可视化分析（Bastian et al., 2009）。另外，构建了真菌-真菌相互作用网络，用于识别真菌类群的主要生态模块。本研究计算了所有ASVs之间的成对Spearman相关性，并将显著正相关的相关性（$r>0.5$和$P<0.001$）进行可视化。使用"greedy modularity optimization"算法来识别真菌生态模块。该网络使用"igraph"包中的Fruchterman-Reingold布局算法来进行可视化分析。每个真菌生态模块的累积相对丰度表示为采用TMM方法计算的CPM。本研究使用了互补方法，包括"indicator species analysis"和"likelihood ratio test"方法，以确定采样区域之间丰度不同的ASVs，即区域敏感ASVs。

4.2.5 统计分析

在进行统计分析之前，分别采用Shapiro-Wilk检验和Levene检验评估数据正态性和方差齐性。使用单因素方差分析（ANOVA）结合Duncan检验评估采样区域之间测定指标的差异，$P<0.05$表示在统计上是显著的。真菌α多样性指数包括Shannon指数、Simpson指数、Chao1指数和Observed species指数，是使用QIIME2计算的。使用R中的"vegan"包进行基于Bray-Curtis距离矩阵的PCoA分析和ANOSIM分析，来描述不同采样区域真菌群落的差异。使用R中的"pheatmap"包在热图中描述了环境因子与真菌α多样性指数之间的Pearson相关性。此外，土壤全量Cu和Cd含量与真菌生态模块的累积相对丰度和所选真菌类群的相对丰度之间的关系符合线性或指数模型。使用R中的"randomForest"包进行随机森林分析以评估环境因子与真菌生态模块累积相对丰度之间的关系。

4.3 结果与分析

4.3.1 真菌多样性和群落组成

在真菌α多样性指数中，Zone Ⅰ和Zone Ⅱ的Shannon指数显著高于Zone Ⅲ，而Simpson指数在3个采样区域之间没有显著差异（图4-1）。Zone Ⅱ的真菌Chao1指数和observed species数目显著高于其他区域。PCoA分析表明，3个区域的真菌群落明显分开（图4-2）。基于Bray-Curtis矩阵的ANOSIM分析表明3个区域的真菌群落结构具有显著的差异（$R = 0.5104$，$P = 0.001$），说明重金属和土壤因子重塑了土壤真菌群落。

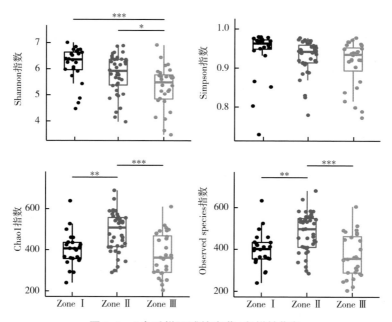

图4-1　3个采样区域的真菌α多样性指数

注：*、**和***表示基于单因素ANOVA和Duncan检验结果的显著差异，置信水平分别为0.05、0.01和0.001。

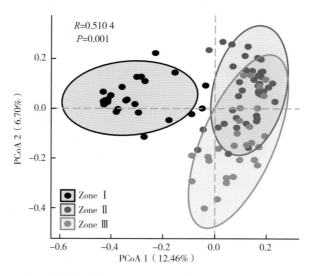

图4-2　3个区域真菌群落Bray-Curtis距离矩阵的主坐标分析（PCoA）

土壤样品中主导的真菌门是Ascomycota（36.4%）、Basidiomycota（18.5%）、Mortierellomycota（14.5%）和Rozellomycota（3.0%），占总真菌群落的72%以上（图4-3）。Ascomycota的相对丰度在Zone Ⅰ中显著高于Zone Ⅲ。Basidiomycota的相对丰度在Zone Ⅱ中显著低于Zone Ⅰ和Zone Ⅲ，而Mortierellomycota的相对丰度在Zone Ⅰ中显著低于Zone Ⅱ和Zone Ⅲ。3个区域中Rozellomycota的相对丰度无显著差异。在纲水平上，Sordariomycetes、Agaricomycetes、Mortierellomycetes、Dothideomycetes、Leotiomycetes、Eurotiomycetes和Tremellomycetes的相对丰度较高（>1%）（图4-4）。不同的区域富集了不同的真菌类群。Eurotiomycetes、Pezizomycetes、Ustilaginomycetes、Saccharomycetes、Olpidiomycetes和Kickxellomycetes在Zone Ⅰ显著富集，Mortierellomycetes在Zone Ⅱ和Zone Ⅲ显著富集，而Tremellomycetes在Zone Ⅲ富集。

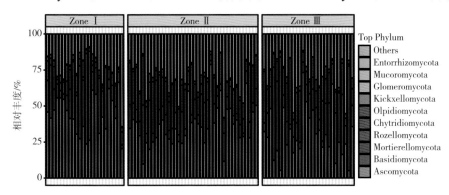

图4-3 3个采样区域主要真菌门的相对丰度

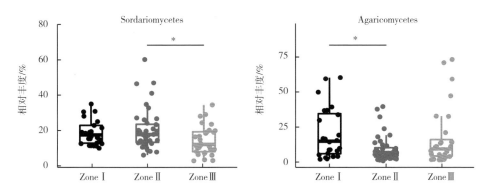

图4-4 3个采样区域主要真菌纲的相对丰度

注：*、**和***表示基于单因素ANOVA和Duncan检验结果的显著差异，置信水平分别为0.05、0.01和0.001。

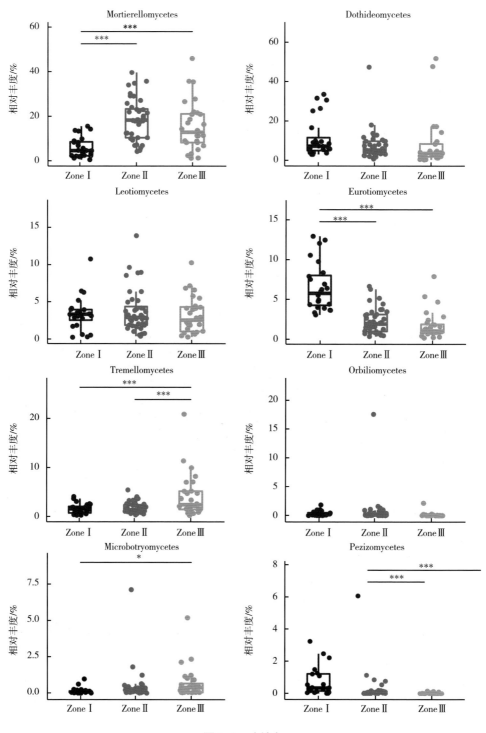

图4-4 （续）

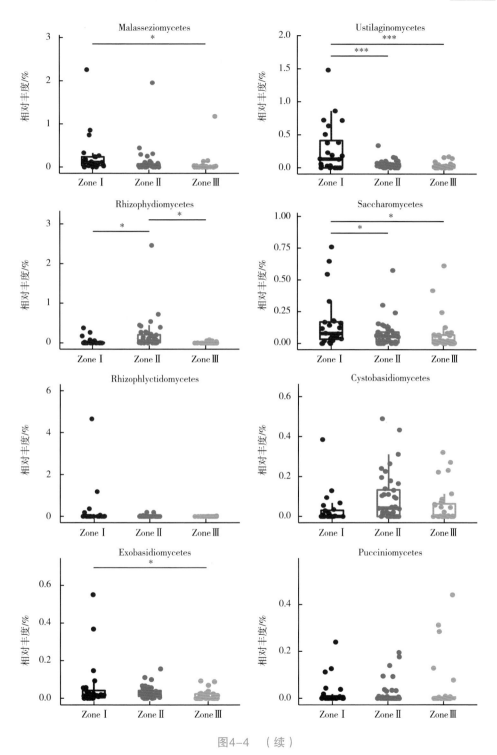

图4-4 （续）

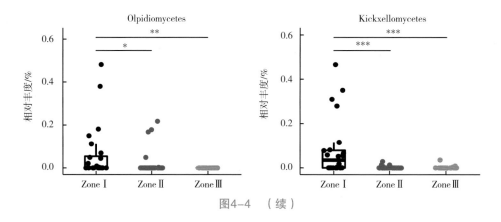

图4-4 （续）

4.3.2 环境因子与真菌群落之间的关系

土壤pH与4个土壤真菌多样性指数（Chao1指数、Observed species指数、Shannon指数和Simpson指数）呈显著正相关（图4-5）。4个重金属相关的因子（Cu_{tot}、Cd_{tot}、Cu_{bio}和Cd_{bio}）与Shannon指数呈显著正相关，而与其他多样性指数不相关（图4-5）。此外，土壤TN和DON含量与Chao1指数和Observed species指数呈显著正相关（图4-5）。

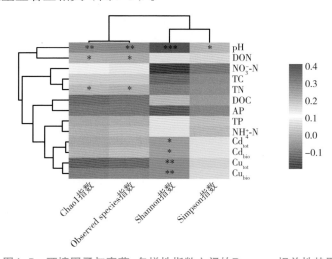

图4-5 环境因子与真菌α多样性指数之间的Pearson相关性热图

注：负和正Pearson相关系数分别用红色和蓝色表示。*、**和***分别表示在0.05、0.01和0.001水平相关性显著；DON，可溶性有机氮；NO_3^--N，硝态氮；TC，总碳；TN，总氮；DOC，溶解性有机碳；AP，有效磷；TP，全磷；NH_4^+-N，铵态氮；Cd_{tot}，总镉；Cd_{bio}，有效镉；Cu_{tot}，总铜；Cu_{bio}，有效铜。

共现网络分析揭示了真菌ASVs和环境因子之间的相互作用。土壤重金属Cu_{tot}、Cd_{tot}、Cu_{bio}和Cd_{bio}对真菌群落的影响最大，其次是NO_3^--N、DON、TC、NH_4^+-N、pH、TN、DOC、TP和AP（图4-6）。在本研究中，共现网络由6个生态模块组成（图4-6）。共现网络中不同的生态模块表明存在不同的微生物功能，并且聚集在同一个模块中的环境因子对土壤微生物群落具有相似的影响。在本研究中，4个重金属相关的因子（Cu_{tot}、Cd_{tot}、Cu_{bio}和Cd_{bio}）位于同一模块中（即模块Ⅰ），表明重金属相关因子对土壤真菌群落具有相似且显著的影响。

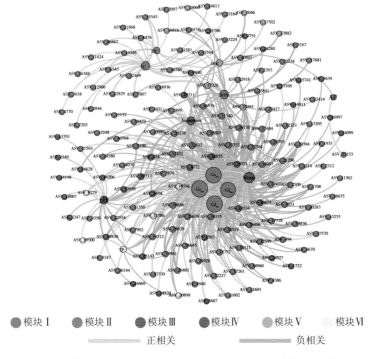

图4-6　共现网络分析显示环境因子和真菌ASVs之间的相关性

注：蓝线和红线分别表示显著的正负连接（|Spearman相关系数|>0.4，$P<0.001$）。节点的大小与连接数成正比。连接线的粗度与Spearman相关系数成正比。网络按模块着色，并且聚集在同一模块中的节点具有相同的颜色。

4.3.3　真菌共现网络

土壤真菌类群可以分为3个主要的生态模块（模块#1、模块#2和模块#3），它们彼此强烈共存（图4-7a）。不同的生态模块在矿区下游的3个采样区域中占主导地位（图4-7b）：Zone Ⅰ中模块#1的累积相对丰度显著高于Zone Ⅱ和Zone Ⅲ，而模块#2和模块#3的累积相对丰度在Zone Ⅱ和Zone Ⅲ最高（图4-7b）。Zone Ⅰ、Zone Ⅱ和Zone Ⅲ在模块#1、模块#2和模块#3的区域敏感ASVs分别占模块#1、模块#2和模块#3总ASV数量的92.7%、35.8%和52.3%（图4-7a）。生态模块的累积相对丰度对重金属含量的响应不同（图4-8）。例如，模块#1的累积相对丰度与Cu_{tot}（$R^2 = 0.38$，$P < 0.001$）和Cd_{tot}（$R^2 = 0.51$，$P < 0.001$）的含量之间存在显著的线性正相关关系，而模块#3的累积相对丰度与Cu_{tot}（$R^2 = 0.16$，$P < 0.001$）和Cd_{tot}（$R^2 = 0.24$，$P < 0.001$）的含量呈指数负相关。随机森林分析表明，全量Cu和Cd以及有效态Cu和Cd含量是生态模块累积相对丰度的主要预测因子（图4-9）。此外，土壤理化属性对真菌群落很重要，但它们的相对重要性在很大程度上取决于类群和模块。例如，NH_4^+-N和NO_3^--N对模块#1累积相对丰度变异的贡献显著，而pH、TC、NO_3^--N和DON对模块#2累积相对丰度变异

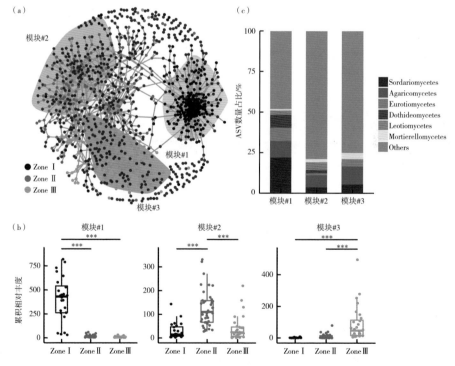

图4-7 共现网络可视化真菌相互作用的显著相关性（a）、3个采样区域模块的累积相对丰度（b）和3个模块中真菌纲的ASV数量占比（c）

注：ASVs根据与不同采样区域的关联进行着色，阴影区域代表网络模块#1、模块#2和模块#3。***表示在0.001水平由Duncan检验确定的显著差异。

的贡献显著（图4-9）。环境预测因子与3个生态模块的累积相对丰度之间的Pearson相关性如表4-1所示。

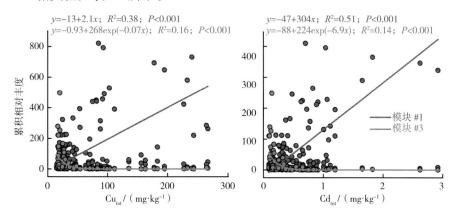

图4-8　土壤全量Cu和Cd含量与真菌主要生态模块累积相对丰度之间的回归

注：Cu_{tot}，总铜；Cd_{tot}，总镉。

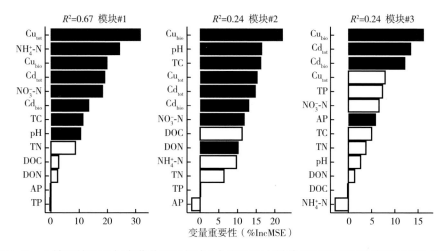

图4-9　土壤环境因子与真菌共现网络中3个主要生态模块累积相对丰度的随机森林分析

注：蓝色、黑色和白色条分别表示$P<0.05$、$P<0.10$和$P>0.10$。Cu_{tot}，总铜；Cu_{tot}，有效铜；Cd_{tot}，总镉；Cd_{bio}，有效镉；TC，总碳；TN，总氮；TP，全磷；DOC，溶解性有机碳；NH_4^+-N，铵态氮；NO_3^--N，硝态氮；DON，可溶性有机氮；AP，有效磷。

表4-1　环境因子与真菌生态模块累积相对丰度的Pearson相关系数

环境因子	模块#1	模块#2	模块#3
Cu_{tot}	0.62	−0.24	−0.27

（续表）

环境因子	模块#1	模块#2	模块#3
Cd_{tot}	0.72	−0.17	−0.31
Cu_{bio}	0.65	−0.22	−0.30
Cd_{bio}	0.68	−0.15	−0.31
pH	0.10	0.17	−0.31
TC	−0.29	0.39	−0.24
TN	−0.14	0.32	−0.23
TP	0.40	−0.04	−0.21
NH_4^+-N	0.16	0.05	−0.29
NO_3^--N	−0.50	0.20	0.19
DON	0.11	0.29	−0.29
DOC	0.23	−0.06	−0.22
AP	0.11	−0.02	0.01

注：Cu_{tot}，总铜；Cu_{bio}，有效铜；Cd_{tot}，总镉；Cd_{bio}，有效镉；TC，总碳；TN，总氮；TP，全磷；DOC，溶解性有机碳；NH_4^+-N，铵态氮；NO_3^--N，硝态氮；DON，可溶性有机氮；AP，有效磷。

每个生态模块都包含多个属于不同纲的真菌分类群（图4-7c）。在模块#1中，Sordariomycetes、Eurotiomycetes和Dothideomycetes是最主要的类别，而在模块#2中以Leotiomycetes为主，在模块#3中以Agaricomycetes和Mortierellomycetes为主。一些真菌纲只出现在特定的生态模块中，例如，模块#1中的Orbiliomycetes、Ustilaginomycetes、Rozellomycotina_cls_Incertae_sedis、Pezizomycetes、Malasseziomycetes和Kickxellomycetes，模块#2中的Rhizophydiomycetes、Cystobasidiomycetes和Exobasidiomycetes，以及模块#3中的Archaeorhizomycetes和Pucciniomycetes。某些纲的相对丰度与Cu_{tot}和Cd_{tot}的浓度呈线性或指数相关（图4-10）。例如，Eurotiomycetes、Pezizomycetes、Ustilaginomycetes和Kickxellomycetes的相对丰度与Cu_{tot}和Cd_{tot}的含量呈正相关，而Mortierellomycetes的相对丰度分别与Cu_{tot}和Cd_{tot}的含量呈负相关。

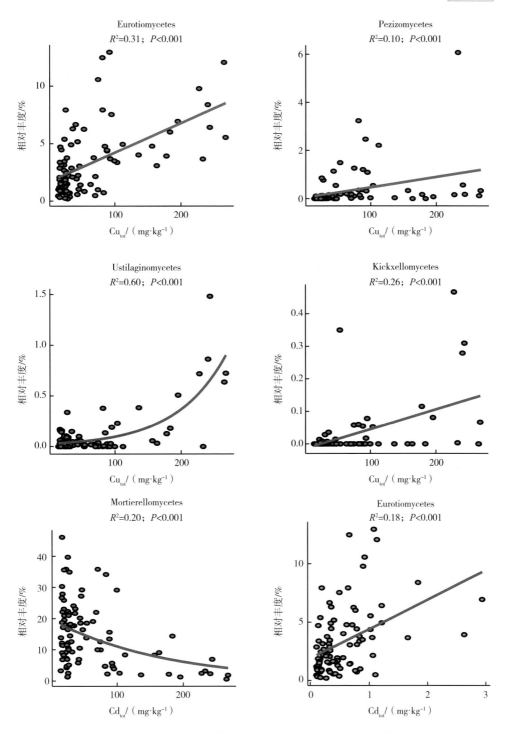

图4-10 土壤全量Cu和Cd含量与选定真菌纲相对丰度之间的回归分析

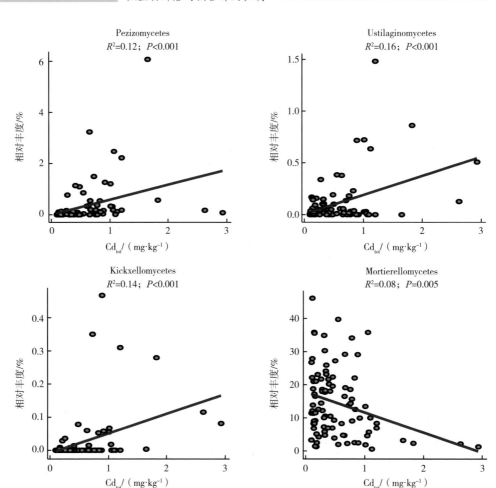

图4-10 （续）

4.4 讨论

4.4.1 环境因子对土壤真菌群落的影响

仙槎河流域因长期污水灌溉，已被重金属Cu和Cd严重污染。阐明Cu和Cd对本土微生物群落的影响对于理解它们在Cu和Cd协同污染农田恢复中的生态作用至关重要。以往研究大多发现重金属污染会降低土壤微生物多样性（Frossard et al., 2017；Sun et al., 2020b）。例如，与清洁土壤相比，在重度Cu污染的土壤中观察到真菌多样性显著降低（Zhang et al., 2022）。然而本研究发现，3个采样区域土壤真菌多样性指数存在显著差异（图4-1），并且污染组分与Shannon指数呈正相关关系（图4-5），这与以往研究结果不一致。本研究采集的水稻土长期被重金属Cu和Cd污染，因此真菌群落可能有足够的时间对重金属胁迫产生抗性（Lin et al.，2020）。另外一种原因是Cu和Cd污染可能会通过竞争性释放从属微生物种群来增加真菌多样性。这些结果表明，Cu和Cd污染塑造了土壤真菌的多样性，从而影响了生态系统功能。此外，有研究表明，土壤pH是微生物多样性的重要决定因子（Wei et al.，2019）。在本研究中，土壤pH与所有真菌多样性指数显著相关。土壤养分在能量代谢、细胞分裂以及蛋白质合成等微生物生长过程中起着至关重要的作用（Wei et al.，2019）。本研究中真菌多样性与土壤TN和DON含量之间的正相关关系证实了这一点。土壤pH和DON是影响真菌群落组成的关键驱动因子（Hu et al.，2017）。一般而言，与土壤细菌相比，土壤真菌适应的pH范围更广（4.0~8.3），并且真菌在高氮环境下生长良好（Philippot et al.，2013）。土壤pH可以调节土壤氮转化速率和氮素有效性，而NO_3^-和NH_4^+通过氮素有效性、离子毒性和渗透势的改变而直接影响土壤真菌群落（Omar and Ismail，1999）。

PCoA分析显示，在不同程度的重金属污染下土壤真菌群落显著分离（图4-2）。之前的研究也报道了重金属对微生物群落结构的明显影响（Mohammadian et al.，2017；Yu et al.，2021）。同时，土壤真菌可以通过改变群落组成来适应重金属污染（Zhao et al.，2019）。本研究结果表明，土壤Cu和Cd协同污染显著影响真菌群落组成（图4-3，图4-4）。这些物种的差异性响应可能与真菌的生理特征有关。长期的重金属胁迫会降低敏感性真菌的丰度并刺激抗性真菌的生长，从而重建真菌群落（Singh et al.，2014）。例如，土壤中最丰富和分布最广的真菌Ascomycota（Al-Sadi et al.，2017）在重度污染区域相对丰度显著增加（图4-3）。这一结果表明，Ascomycota对重金属具有较高的耐受性。相反地，真菌Mortierellomycota的相对丰度在Zone Ⅰ中相对较低，而以往研究也报道了Mortierellomycota在健康土壤中的相对丰度高于受污染土壤（Yuan et al.，2020）。真菌Ascomycota和Mortierellomycota相对丰度的变化很可能显著影响了这2个种群介导的生态过程。

为了进一步研究个体真菌类群对环境因子（尤其与Cu和Cd污染相关的

因子）的响应，笔者通过共现网络对环境-微生物相互作用进行了可视化分析（图4-6）。Cu和Cd污染组分（如Cu_{tot}、Cd_{tot}、Cu_{bio}和Cd_{bio}）的度大于其他节点，表明重金属污染对本土真菌群落的影响大于土壤理化属性。这可能是因为土壤重金属含量的变化幅度比土壤理化属性的变化幅度更大。例如，Zone Ⅰ的总量Cu和Cd浓度与Zone Ⅲ相比增加了6倍，而土壤理化属性变化幅度较小。尽管Cu_{bio}含量仅占Cu_{tot}含量的19.1%，但Cu_{tot}和Cu_{bio}对个体真菌种群的影响相似。重金属的生物可利用部分很容易从土壤基质中释放出来，然后输送到微生物细胞中（Wang et al.，2020），从而影响土壤微生物群落。本研究发现，许多真菌种群表现出与重金属污染的多重联系，这与之前的研究（Mohammadian et al.，2017）一致。例如，Eurotiomycetes（如ASV_18534、ASV_23417和ASV_24519）、Ustilaginomycetes（如ASV_15786）、Pezizomycetes（如ASV_4772）和Olpidiomycetes（如ASV_7992）等种群内的ASVs与Cu和Cd污染组分呈正相关关系。而且这些真菌纲在Zone Ⅰ中显著富集（图4-4），表明它们的富集可能与Cu和Cd污染有关。

4.4.2 真菌共现模式和关键种群的改变

真菌之间的相互作用对于揭示真菌对环境胁迫的响应机制尤为重要（Wang et al.，2019）。例如，微生物相互作用的变化增强了微生物对重金属污染和干旱的适应性（de Vries et al.，2018；Zhang et al.，2022）。随机森林分析表明，Cu和Cd污染组分是真菌共现网络中生态集群的显著预测因子（图4-9）。因此，本研究土壤Cu和Cd含量的增加也引起了真菌群落共现网络的较大改变。随着土壤Cu和Cd污染的加重，一些生态集群的累积相对丰度发生了显著的变化（图4-8）。例如，模块#1的累积相对丰度随Cu和Cd含量的升高而显著增加，而模块#3的累积相对丰度则显著降低。这些结果表明，水稻土中两种污染物的变化可以改变真菌生态集群的分布。除了Cu和Cd污染组分，其他环境预测因子，如NH_4^+-N和NO_3^--N，对于生态集群的累积相对丰度也十分重要（图4-9），这与之前的研究一致（de Menezes et al.，2015；Delgado-Baquerizo et al.，2018b）。

每个生态集群中都存在不同的真菌类群（图4-7c）。易受重金属影响的生态模块倾向于聚集重金属抗性或敏感微生物（Liu et al.，2018a）。本研究发现，Cu和Cd污染与不同生态集群中一些真菌纲的相对丰度显著相关（图4-10）。例如，真菌纲Eurotiomycetes、Pezizomycetes、Ustilaginomycetes和Kickxellomycetes出现在模块#1中，它们的相对丰度随着Cu和Cd含量的增加而增加。这些纲在严重污染区域Zone Ⅰ中显著富集（图4-4），表明这些微生物可能对重金属具有耐受性并能在这样的环境中生存和繁殖。有研究报道，真菌纲Eurotiomycetes表现出明显的金属抗性，在受矿山污染的土壤中较为富集（Ye et al., 2020）。培养实验发现，金属离子含量较高的培养基中能够分离出更多的属于Eurotiomycetes的真菌菌株（Muggia et al., 2017）。并且，Eurotiomycetes纲的一些成员如*Aspergillus niger*和*Penicillium* sp.可能会进化出特定的分解代谢活动，以将污染物用作营养物质和能量来源（Mohammadian et al., 2017）。真菌纲Pezizomycetes也被发现是高水平Cd、Cu、Zn和Pb等重金属污染区域的主要类群（Yung et al., 2021），这与本研究结果一致，即Pezizomycetes对Cu和Cd的共同污染具有抗性。此外，Kickxellomycetes在Zone Ⅰ中显著富集，可能是由于其对重金属的耐受性（Sun et al., 2022）。然而，关于真菌纲Ustilaginomycetes对Cu和Cd污染的响应机制信息较少。综上所述，这些真菌类种对重金属污染具有高度适应性，可能具有巨大的生物修复潜力。与上述真菌种群相反，Mortierellomycetes在模块#3中占主导地位并在低污染区域（如Zone Ⅱ和Zone Ⅲ）富集，其相对丰度与Cu和Cd含量呈负相关关系。这些结果表明Mortierellomycetes对Cu和Cd污染较为敏感。以往研究也发现这类真菌种群对Cd_{bio}高度敏感（Shi et al., 2020），说明Mortierellomycetes内物种可能具有重金属指示物的应用潜力。抗性和敏感真菌种群的变化代表了主要生态集群的改变，而且共现模式的转变可能是真菌适应Cu和Cd协同污染的一种方式。本研究中仅描述了Cu和Cd污染对土壤真菌群落的影响，未来的研究应该分离和培养重金属抗性种群以阐明它们的生物修复功能。

4.5 本章小结

本研究评估了中国南方水稻土中真菌群落对长期Cu和Cd协同污染的响应。总量和生物可利用Cu和Cd的含量与真菌α多样性呈正相关关系。重金属污染改变了真菌的群落组成，金属污染物组分对真菌群落的影响高于土壤理化属性。真菌共生网络生态集群的变化可能影响了生态系统功能。真菌纲 Eurotiomycetes、Pezizomycetes、Ustilaginomycetes 和 Kickxellomycetes 的相对丰度随着土壤 Cu 和 Cd 含量的增加而增加，而 Mortierellomycetes 的相对丰度与 Cu 和 Cd 污染物呈负相关关系。真菌种群的变化反映了微生物对重金属污染土壤的适应性。总的来说，这项研究促进了对水稻土中 Cu 和 Cd 协同污染的微生物响应的理解，可以为提高土壤生产力和进行重金属污染的生物修复提供依据。

第5章 水稻土Cu和Cd协同污染对土壤微生物潜在功能及酶活性的影响

5.1 引言

土壤重金属Cu和Cd毒性较高且在农田土壤中广泛分布，因而备受关注（Rizwan et al., 2016）。环境中Cu和Cd输入量的增加可能对土壤生物多样性及其相关的生态系统功能产生重大影响（Liu et al., 2020a）。目前研究多关注重金属污染下土壤微生物的生物分类学特征（如群落组成和系统发育信息等），对微生物在群落或分子层面的代谢、活性和功能如何响应土壤Cu和Cd协同污染的深入研究十分有限。这些信息可能为受重金属污染农田土壤制定生物修复策略提供方向。然而，由于土壤微生物群落的高度多样化，这项工作具有很大的挑战性（Delgado-Baquerizo et al., 2018a）。近年来组学相关技术的发展能够追踪土壤本土微生物群落的功能属性，然后确定其对土壤Cu和Cd污染梯度敏感的特征（Kelly et al., 2021）。例如，通过高通量测序和宏基因组学方法发现，即使在中国南方5种水稻土的低As环境中仍然存在巨大的As生物转化潜力（Xiao et al., 2016）。Liu等（2018a）利用宏基因组学研究了中国典型Hg污染区域微生物群落的遗传特征，发现Hg污染影响了土壤元素循环和Hg的转化。这些基于组学技术的研究拓宽了对重金属胁迫下的微生物功能性状特征的认识。

土壤酶活性与碳、氮和磷循环等直接相关，常被用作评价土壤质量和生态健康的生物指标（Liu et al., 2020b）。土壤酶活性对重金属胁迫十分敏感，例如一些酶活性随着重金属含量的增加而线性降低，尤其是在芳基硫酸酯酶和重金属Cd、Pb、Zn之间（Aponte et al., 2020）。不过，也有研究表明，土壤酶活性与重金属污染之间没有显著的相关性（Zhang et al., 2010；Tripathy et al., 2014）。酶活性对重金属胁迫的响应取决于土壤性质、重金属类型和含量。Kandziora-Ciupa等（2016）发现，在重金属污染土壤中土壤酸性磷酸酶和β-葡萄糖苷酶活性受土壤pH的影响很大。尽管环境因子对土壤酶活性的作用已得到研究，但目前尚未阐明土壤关键酶活性与重金属之间的因果关系。这阻碍了土壤酶活性作为生物指示指标的应用。此外，不同酶活性对重金属的响应不同（Yang et al., 2016），因此寻找土壤Cu和Cd协同污染的指示酶非常重要。

本研究旨在阐明在区域范围内土壤微生物功能属性和酶活性对土壤Cu和Cd协同污染的响应。笔者假设土壤Cu和Cd协同污染不仅影响重金属抗性基因，还会改变土壤碳、氮、磷等养分转化过程。因此，笔者从中国南方长期受Cu和Cd污染的农业地区采集水稻土，采用环境因子分析、鸟枪宏基因组测序和微生物荧光测定等方法，以达到如下研究目标：①探索微生物代谢潜力，特别是重金属抗性以及碳、氮循环对土壤Cu和Cd协同污染的响应；②阐明土壤Cu和Cd协同污染对主要的土壤水解酶和氧化还原酶活性的影响。

5.2 材料与方法

5.2.1 土壤重金属的测定

见第2章第2.3.1节。

5.2.2 土壤理化属性的测定

见第2章第2.3.2节。

5.2.3 土壤宏基因组测序

从采集的有代表性的92个土壤样本（编号为XCHB01~XCHB23）中选择36个土壤样本（Zone Ⅰ、Zone Ⅱ和Zone Ⅲ各有12个土壤样本）用于宏基因组测序（表5-1）。具体方法见第2章第2.3.5节。

表5-1 土壤宏基因组分析的样本分配和名称

采样点	采样区域	是否宏基因组分析	宏基因组样本名称
XCHB01	Zone Ⅰ	否	
XCHB02	Zone Ⅰ	是	Zone Ⅰ-1
XCHB03	Zone Ⅰ	是	Zone Ⅰ-2
XCHB04	Zone Ⅰ	否	
XCHB05	Zone Ⅰ	是	Zone Ⅰ-3
XCHB06	Zone Ⅰ	否	
XCHB07	Zone Ⅱ	是	Zone Ⅱ-1
XCHB08	Zone Ⅱ	否	
XCHB09	Zone Ⅱ	是	Zone Ⅱ-2
XCHB10	Zone Ⅱ	否	
XCHB11	Zone Ⅱ	否	
XCHB12	Zone Ⅱ	否	
XCHB13	Zone Ⅱ	否	
XCHB14	Zone Ⅱ	否	
XCHB15	Zone Ⅱ	否	
XCHB16	Zone Ⅱ	是	Zone Ⅱ-3
XCHB17	Zone Ⅲ	否	
XCHB18	Zone Ⅲ	是	Zone Ⅲ-1
XCHB19	Zone Ⅲ	是	Zone Ⅲ-2
XCHB20	Zone Ⅲ	是	Zone Ⅲ-3
XCHB21	Zone Ⅲ	否	
XCHB22	Zone Ⅲ	否	
XCHB23	Zone Ⅲ	否	

5.2.4 土壤酶活性的测定

在304个土壤样品中选择92个有代表性的土壤样品测定其土壤酶活性，具体方法见第2章第2.3.6节。

5.2.5 基因共现网络分析

本章构建了环境-基因共现网络分析。使用R中的"igraph"包分析环境因子与功能基因之间的相互作用，阈值是Spearman相关系数$|r| > 0.4$和$P < 0.05$。得到的结果使用Gephi软件进行可视化分析（Bastian et al., 2009）。

5.2.6 统计分析

在进行统计分析之前，分别采用Shapiro-Wilk检验和Levene检验评估数据正态性和方差齐性。使用单因素方差分析（ANOVA）结合Duncan检验评估采样区域之间测定指标的差异，$P < 0.05$表示在统计上是显著的。使用R中的"pheatmap"包在热图中描述环境因子与土壤酶活性之间的Pearson相关性。本研究使用线性或非线性回归来评估土壤全量Cu和Cd含量与土壤酶活性之间的关系。

5.3 结果与分析

5.3.1 土壤微生物功能基因丰度的变化

本研究通过宏基因组测定的基因和路径推断分析水稻土的微生物代谢潜力，重点关注Cu和Cd抗性基因及基础微生物代谢相关的基因，如碳（碳固定）和氮循环。在本研究的所有土壤中均检测到Cu和Cd相关的抗性基因（图5-1），并且这些抗性基因的相对丰度因3个采样区域而异。大多数与重金属Cu和Cd抗性相关的基因簇，包括 copA、copB、pcoB、copC、copD、ccmF、cusA、cusB、cusF、cusR、cueR、csoR、zntA、czcA、czcB、czcC、czcD、cadC和zipB，在Zone Ⅰ中的相对丰度显著高于Zone Ⅱ和Zone Ⅲ（图5-1a）。分类学分配表明，不同采样区域的土壤样品中大部分Cu和Cd抗性基因被分配给 *Candidatus Sulfopaludibacter*、*Bradyrhizobium*和*Candidatus Sulfotelmatobacter*（图5-1b）。

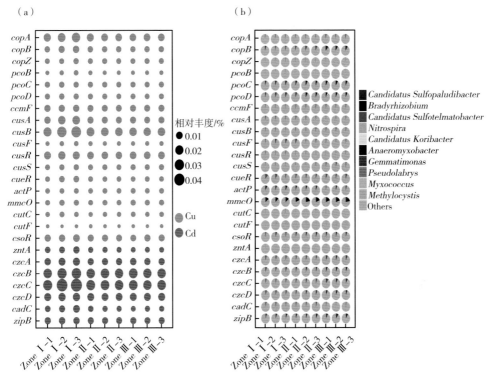

图5-1 注释到Cu和Cd抗性基因的reads百分比（a）与在属水平注释到Cu和Cd抗性基因的reads分类（b）

对与微生物碳代谢相关的基因分析显示，在本研究中检测到了6种碳固定途径（图5-2）。其中，还原柠檬酸循环（rTCA）最丰富，而还原性乙酰辅酶A途径（Wood-Ljungdahl pathway）的丰度最低（图5-2a）。这些途径中的大多数在分类学上与*Bradyrhizobium*、*Candidatus Sulfopaludibacter*和*Pseudolabrys*有关（图5-2b）。通过比较不同区域土壤样品中氮循环相关的基因发现，参与硝化过程的基因（如*amoA*、*amoB*、*amoC*和*hao*）和反硝化过程的大部分基因（如*narG*、*narH*、*napA*、*napB*、*nirK*和*nosZ*）在Zone Ⅰ中显著富集（图5-3a），而固氮酶基因*nifD*、*nifH*、*nifK*的相对丰度在Zone Ⅰ中显著低于Zone Ⅱ和Zone Ⅲ。土壤样品中大多数氮循环基因与*Bradyrhizobium*、*Candidatus Sulfopaludibacter*和*Anaeromyxobacter*有关（图5-3b）。

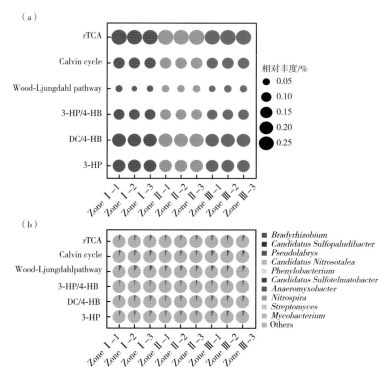

图5-2 注释到碳固定基因的reads百分比（a）和在属水平注释到碳固定基因的reads分类（b）

注：rTCA，还原柠檬酸循环；Calvin cycle，卡尔文循环；Wood-Ljungdahl pathway，还原性乙酰辅酶A途径；3-HP/4-HB，3-羟基丙酸/4-羟基丁酸循环；DC/4-HB，二羧酸/4-羟基丁酸循环；3-HP，3-羟基丙酸双循环。

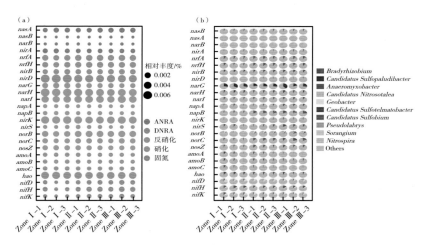

图5-3 注释到氮循环基因的reads百分比（a）和在属水平注释到氮循环基因的reads分类（b）

注：ANRA，硝酸盐同化还原为铵；DNRA，硝酸盐异化还原为铵。

5.3.2 环境因子与土壤微生物功能基因丰度之间的关系

本研究基于网络构建分析了环境因子与关于Cu和Cd抗性基因以及碳和氮循环功能基因之间的相互作用。4个重金属相关变量（Cu_{tot}、Cd_{tot}、Cu_{bio}和Cd_{bio}）对选定的功能基因影响最大，其次是TP、NO_3^--N、pH、NH_4^+-N、AP、DOC、TN、TC和DON（图5-4）。该网络可以分为4个主要模块，即模块Ⅰ~Ⅳ（图5-4）。Cu_{tot}、Cd_{tot}、Cu_{bio}和Cd_{bio}都位于同一模块（模块Ⅰ）中，表明这4个重金属组分对功能基因的影响相似。与Cu和Cd抗性（如$copA$、

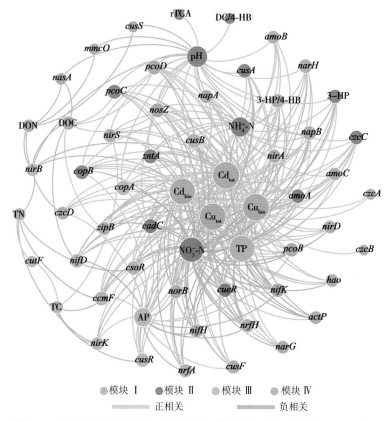

图5-4 共现网络分析显示环境因子与所选的铜和镉抗性基因以及碳和氮循环基因之间的相关性

注：绿线和红线分别表示显著的正负连接（|Spearman相关系数|>0.4，$P<0.05$）；节点的大小与连接数成正比；连接线的粗度与Spearman相关系数成正比；网络按模块着色，并且聚集在同一模块中的节点具有相同的颜色；Cu_{tot}，总铜；Cd_{tot}，总镉；Cu_{bio}，有效铜；Cd_{bio}，有效镉；TP，全磷；NH_4^+-N，铵态氮；DON，可溶性有机氮；DOC，溶解性有机碳；AP，有效磷；TC，总碳；TN，总氮；rTCA，还原柠檬酸循环；DC/4-HB，二羧酸/4-羟基丁酸循环；3-HP/4-HB，3-羟基丙酸/4-羟基丁酸循环；3-HP，3-羟基丙酸双循环。

copB、*pcoB*、*pcoC*、*pcoD*、*ccmF*、*cusA*、*cusB*、*cusF*、*cusR*、*cueR*、*csoR*、*zntA*、*czcA*、*czcB*、*czcC*、*czcD*、*cadC*和*zipB*）、碳固定［如3-羟基丙酸/4-羟基丁酸循环（3-HP/4-HB）和3-羟基丙酸双循环（3-HP）］、硝化作用（如*amoA*、*amoB*、*amoC*和*hao*）和反硝化作用（如*narG*、*narH*、*napA*、*napB*、*nirK*、*nirS*和*nosZ*）相关的基因与一种或多种Cu和Cd污染组分呈显著正相关关系（图5-4）。相反，所有参与固氮过程的基因（如*nifD*、*nifH*、*nifK*）都与Cu和Cd含量呈显著负相关关系。

5.3.3 土壤酶活性的变化

本研究测定了7种水解酶（*β*G、*β*X、CBH、*α*G、NAG、ACP、LAP）和2种氧化酶（PhOx、Perox）活性。Zone Ⅰ的*β*G、ACP、*β*X、CBH、*α*G和LAP活性显著低于Zone Ⅱ和Zone Ⅲ，而Zone Ⅱ的ACP、*β*X和CBH活性显著低于Zone Ⅲ（图5-5）。在Zone Ⅲ土壤中NAG活性显著增加（图5-5）。相比之下，Zone Ⅱ中2种氧化还原酶（PhOx和Perox）的活性相对高于其他2个区域（图5-5）。

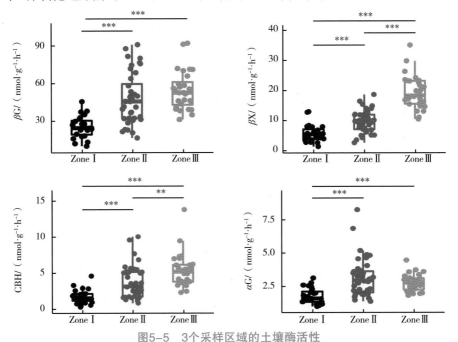

图5-5　3个采样区域的土壤酶活性

注：*、**和***表示基于单因素ANOVA和Duncan检验结果的显著差异，置信水平分别为0.05、0.01和0.001；PhOx，酚氧化酶；Perox，过氧化物酶；*α*G，*α*-1,4-葡萄糖苷酶；*β*X，*β*-1,4-木糖苷酶；LAP，亮氨酸氨肽酶；*β*G，*β*-葡萄糖醛酸苷酶；ACP，酸性磷酸酶；NAG，*β*-1,4-N-乙酰氨基葡萄糖苷酶；CBH，*β*-D-1,4-纤维二糖水解酶。

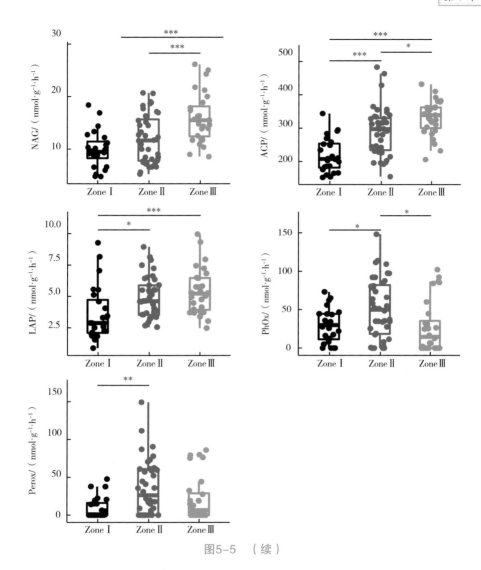

图5-5 （续）

5.3.4 环境因子与土壤酶活性之间的关系

Pearson相关性表明，相比于氧化还原酶，水解酶对重金属的敏感性更高，并且与Cu_{tot}、Cd_{tot}、Cu_{bio}和Cd_{bio}的含量呈负相关（图5-6）。回归分析显示所有水解酶的活性均与Cu_{tot}和Cd_{tot}的含量呈线性或指数相关，而氧化还原酶活性与重金属之间没有显著关系（图5-7）。此外，土壤pH对土壤酶活性有负面影响，尤其是ACP（$P<0.01$）、βX（$P<0.001$）和αG（$P<0.05$）（图5-6）。土壤NH_4^+-N与除LAP外的大多数水解酶呈负相关，而土壤NO_3^--N

与除αG外的大多数水解酶呈正相关。土壤TC和TN含量分别与ACP、βG和αG活性之间以及TC含量和LAP活性之间呈显著正相关。

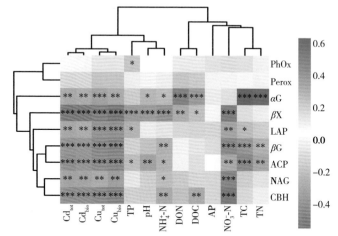

图5-6 环境因子与土壤酶活性之间的Pearson相关性热图

注：负和正Pearson相关系数分别用红色和蓝色表示。*、**和***分别表示$P<0.05$、$P<0.01$和$P<0.001$；Cu_{tot}，总铜；Cu_{bio}，有效铜；Cd_{tot}，总镉；Cd_{bio}，有效镉；TP，全磷；NH_4^+-N，铵态氮；DON，可溶性有机氮；DOC，溶解性有机碳；AP，有效磷；NO_3^--N，硝态氮；TC，总碳；TN，总氮；PhOx，酚氧化酶；Perox，过氧化物酶；αG，α-1,4-葡萄糖苷酶；βX，β-1,4-木糖苷酶；LAP，亮氨酸氨肽酶；βG，β-葡萄糖醛酸苷酶；ACP，酸性磷酸酶；NAG，β-1,4-N-乙酰氨基葡萄糖苷酶；CBH，β-D-1,4-纤维二糖水解酶。

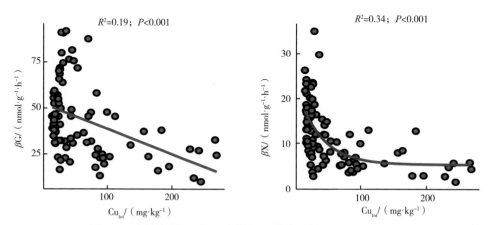

图5-7 土壤全量Cu和Cd含量与土壤酶活性之间的回归分析

注：Cu_{tot}，总铜；Cd_{tot}，总镉；PhOx，酚氧化酶；Perox，过氧化物酶；αG，α-1,4-葡萄糖苷酶；βX，β-1,4-木糖苷酶；LAP，亮氨酸氨肽酶；βG，β-葡萄糖醛酸苷酶；ACP，酸性磷酸酶；NAG，β-1,4-N-乙酰氨基葡萄糖苷酶；CBH，β-D-1,4-纤维二糖水解酶。

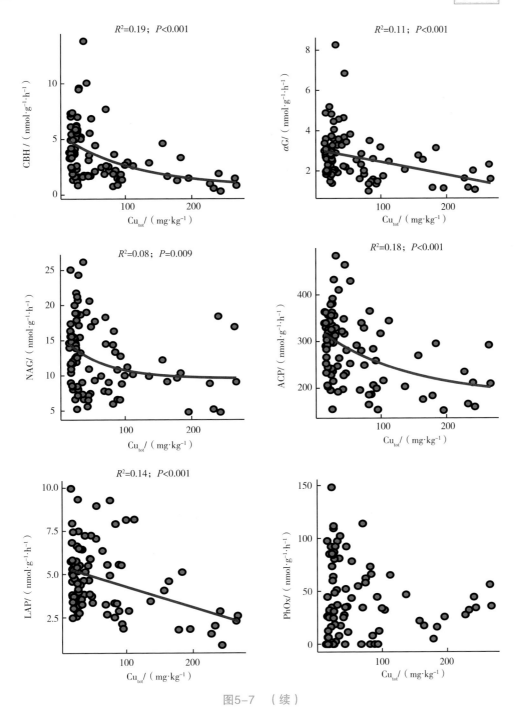

图5-7 （续）

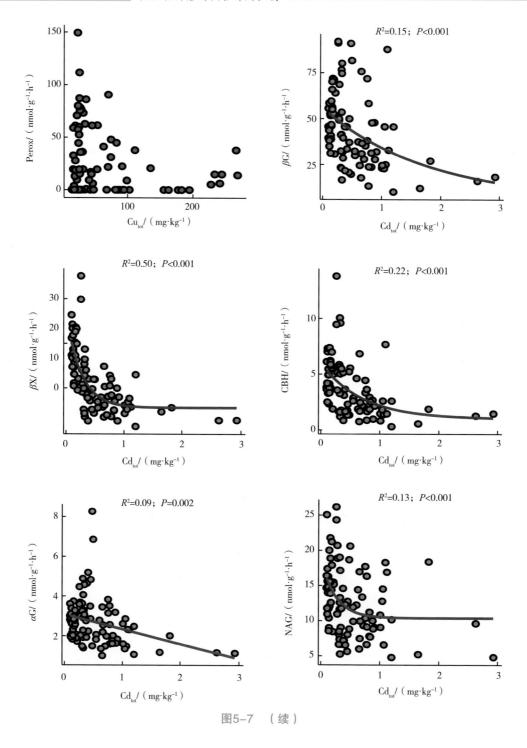

图5-7 （续）

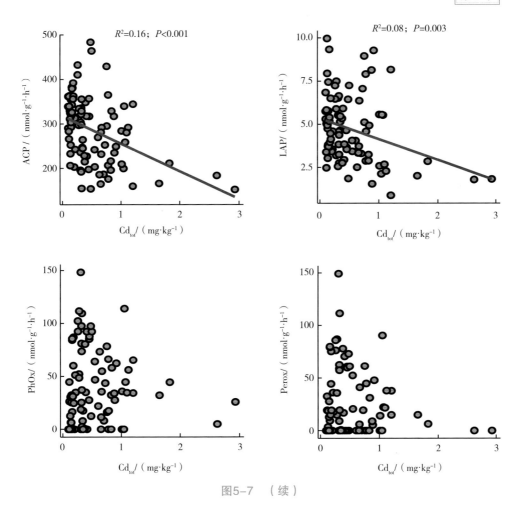

图5-7 （续）

5.4 讨论

5.4.1 环境因子对土壤重金属抗性基因的影响

暴露于有毒重金属的土壤本土微生物很可能已进化出不同的免疫机制和代谢过程，以适应和承受恶劣的环境（Ojuederie and Babalola，2017）。金属抗性基因的相对丰度可以反映这些微生物的生存策略。在本研究中，笔者选择了Cu和Cd相关的基因簇来研究微生物对Cu和Cd污染组分的响应。*copA*、*copB*、*pcoB*、*pcoC*、*pcoD*、*ccmF*、*cusA*、*cusB*、*cusF*、*cusR*、*cueR*和*csoR*基因在

Zone Ⅰ中相对富集（图5-1），并且这些基因的相对丰度与土壤Cu污染组分呈正相关关系（图5-4）。在这些选定的基因中，*copA*和*copB*基因编码P型三磷酸腺苷（ATP）酶，能够利用ATP水解产生的能量，将过量的铜离子从细胞内排出，从而避免铜离子对细胞产生毒性（Navarro et al., 2013；Das et al., 2016）。由*cusA*和*cusB*组成的基因簇与耐药结节细胞分化家族系统相关，可以利用质子动力势从细胞中提取铜（Chong et al., 2016）。

笔者还检测到*czc*操纵子的Co-Zn-Cd抗性基因，如*czcA*、*czcB*、*czcC*和*czcD*。这些基因调控化学渗透外排泵的表达，从而从细胞质中排出离子Co^{2+}、Zn^{2+}和Cd^{2+}（Xavier et al., 2019）。在之前的几项研究中也发现了*czc*操纵子，例如其中一项研究检测到*czc*操纵因子包含3个结构基因*czcA*、*czcB*和*czcC*以及2个调控基因*czcD*和*czcR*（Asaf et al., 2018）。*czc*操纵子对3种重金属Zn、Co和Cd具有抗性。在一项关于富含重金属的热带水系沉积物微生物群落的研究中，利用宏基因组揭示了许多与不同重金属耐受性相关的基因，其中与Co-Zn-Cd抗性相关的基因最为丰富（47%）（Costa et al., 2015）。抗性基因相对丰度的增加可能是土壤微生物能够在高Cu和Cd含量下存活的主要原因。Cu和Cd相关基因的分类学分配表明，一些细菌物种如*Candidatus Sulfopaludibacter*、*Bradyrhizobium*和*Candidatus Sulfotelmatobacter*，具有较强地抵抗土壤Cu和Cd污染的潜力。

5.4.2 环境因子对土壤碳和氮循环功能基因的影响

微生物参与的碳和氮循环对于微生物的生长和繁殖至关重要（Fierer et al., 2012）。据报道，重金属污染会通过微生物来影响这些关键元素的生物地球化学循环（Zhang et al., 2021b）。在本研究中，Cu和Cd污染组分不仅影响了重金属相关基因，还影响了与碳和氮循环相关的其他基因（图5-4）。微生物在受污染环境中（如Zone Ⅰ）的生存策略之一是通过碳固定。在本研究中，通过36个宏基因组样本确定了6个碳固定途径。从理论上讲，生活在能源匮乏环境中的微生物可能会使用ATP需求量最低的途径，如还原性乙酰辅酶A途径（ATP需求量<1）（Bar-Even et al., 2012）。据报道，该途径是能量匮乏系统（如地下深处）的主要碳固定途径（Simkus et al., 2016；Momper et al., 2017）。然而，在本研究中，还原性乙酰辅酶A途径的相对丰度低于其他大多数途径（图5-2a）。对缺氧条件的需求可能是限制还原性乙酰辅酶

A途径主导地位的一个因素（Ragsdale and Pierce，2008；Berg，2011）。本研究所有样本都取自水稻土表层，水稻土中需氧和兼性微生物的丰度很高，表明还原性乙酰辅酶A途径所需要的严格缺氧条件在本研究区域并不普遍。在这些途径中，rTCA是最普遍存在的碳固定途径（图5-2a）。rTCA途径由不同的细菌群进行，但仅限于厌氧或微需氧条件（Hügler and Sievert，2011）。另外，rTCA途径仅需2个ATP等价物即可形成丙酮酸，这与其他至少需要5个ATP等价物的碳固定途径相比其需要的能量更少（还原性乙酰辅酶A途径除外）（Berg，2011；Bar-Even et al.，2012）。因此，rTCA途径较高的能量利用效率是其在受污染土壤中占主导地位的主要原因。3-HP/4-HB途径和3-HP途径与Cu和Cd污染组分呈正相关关系（图5-4），表明Cu和Cd污染可能会增加这些途径的碳固定基因。

土壤微生物是氮循环的主要驱动因素（Xiong et al.，2012）。重金属污染通过微生物以多种方式影响土壤氮循环，包括硝化和反硝化过程（Afzal et al.，2019）。生物固氮是全球氮循环的关键组成部分，也是将大气中的N_2转化为氨气（NH_3）的主要途径（Dos Santos et al.，2012；Shi et al.，2016b）。氮固定过程非常重要，因为参与此过程的固氮菌可以为微生物和植物提供生物可利用氮（dos Santos et al.，2012）。之前的研究发现，固氮微生物在不同环境中对重金属较为敏感（Kouchou et al.，2017；Sun et al.，2018）。例如，在长期受到重金属污染的土壤中，固氮微生物比其他微生物群对重金属污染更敏感（Kouchou et al.，2017）。本研究的结果与这一发现保持一致，即编码固氮酶的*nifD*、*nifH*、*nifK*基因与所有Cu和Cd污染组分呈负相关关系（图5-4）。这表明Cu和Cd污染可能通过抑制相关基因的表达来降低固氮速率。本研究水稻土中的大多数固氮菌与*Geobacter*、*Bradyrhizobium*和*Anaeromyxobacter*有关，这些属的一些物种被报道为固氮微生物（Bahulikar et al.，2014）。

土壤Cu和Cd污染还有可能影响其他氮代谢过程。一些研究发现，土壤硝化和反硝化过程的基因受到重金属胁迫的高度抑制（Wang et al.，2018；Afzal et al.，2019）。然而，本研究中硝化基因（*amoA*、*amoB*、*amoC*和*hao*）和反硝化基因（*narG*、*narH*、*napA*、*napB*、*nirK*、*nirS*和*nosZ*）的相对丰度与Cu和Cd含量呈正相关关系（图5-4）。以往的研究表明，重金属污染可能对土壤微生物产生2个明显的影响：一是不适应高水平或高毒性重金属而无法生长的微生物物种减少；二是对污染环境适应性强的微生物物种增加（Zhao et al.，2020b）。因此，相关性分析结果表明，参与硝化和反硝化过程的微生物种群很可能在受Cu和Cd污染的水稻土中通过长期适应过程，已能够在污染环境中生存和繁殖。Mertens等（2009）在一项为期3年的Zn污染土壤纵向实地研究中也观察到了类似的结果，该研究表明一些氨氧化古菌和细菌种群可能能够在这种重金属污染的环境中生存并表现出适应能力。这可能是由于微生物的各种适应过程和抗性机制，比如一些存活的氨氧化微生物物种可以通过上调金属抗性基因和编码多种金属离子外排蛋白或采用其他对重金属的抗性机制来繁殖（Ollivier et al.，2012；Spang et al.，2012；Liu et al.，2018b）。在本研究中，固氮微生物与参与硝化和反硝化过程的微生物对重金属Cu和Cd响应的差异可能是因为参与硝化和反硝化过程的微生物具有更高的内在金属抗性。而且由于土壤环境的复杂性，微生物在自然条件下对一定含量重金属的耐受能力可能有所不同。这些结果表明，Cu和Cd污染可能会增强土壤硝化和反硝化活动，从而进一步加速水稻土中氮的损失。因此，降低土壤重金属污染对于实现农业可持续发展目标十分重要。

5.4.3 环境因子对土壤酶活性的影响

土壤酶催化微生物生命过程中的各种关键反应，如养分循环和异源物解毒等（Burns et al.，2013）。因此，研究Cu和Cd协同污染下的土壤酶活性对于确定土壤生态功能和污染状况的变化具有重要意义（Hagmann et al.，2015）。在本研究中，Cu和Cd污染与所研究的水解酶活性均呈显著的负相关关系（图5-6，图5-7），这表明重金属污染可能会降低土壤中碳、氮和磷的循环速率。土壤Cu和Cd对水解酶活性的抑制归因于多个过程，如引起蛋白质变性、与底物形成复合物以及影响酶的合成等（Hagmann et al.，2015）。然而，氧化还原酶（PhOx和Perox）的活性对土壤Cu和Cd污染组分不敏感。这些结果表明，水解酶而非氧化还原酶可用作Cu和Cd协同污染的敏感指标。不过，也有其他研究发现氧化酶对重金属污染十分敏感（Yang et al.，2016）。除了重金属组分，土壤理化属性也显著影响酶活性（图5-6）。例如，土壤pH是酶活性的关键环境因子，因为它可以影响酶活性位点的解离条件以及酶的稳定性。此外，土壤TC和TN与一些水解酶活性（如ACP、βG和αG）呈正相关关系，这与之前研究的结果一致（Xian et al., 2015; Fang et al., 2017）。总的来说，这些结果为土壤酶在Cu和Cd协同污染土壤中调控养分循环的作用提供了一个全面的酶学观点。

5.5 本章小结

本研究探讨了中国南方水稻土中微生物代谢潜力和酶活性对长期Cu和Cd协同污染的响应。鸟枪法宏基因组学分析表明，土壤Cu和Cd污染通过改变功能基因的相对丰度显著影响微生物功能属性。Cu和Cd污染组分对微生物代谢潜力的影响高于土壤理化属性。重金属抗性基因反映了微生物在适应污染环境过程中的生存和进化策略。土壤Cu和Cd污染影响了微生物的固碳和固氮能力、硝化和反硝化过程。总体而言，本研究结果表明，Cu和Cd污染不仅导致重金属抗性基因的富集，而且影响土壤碳和氮循环。此外，重金属污染抑制了土壤水解酶的活性，从而影响土壤碳、氮和磷循环。这项研究提高了对水稻土中Cu和Cd协同污染下的生态功能响应的理解，从而有利于重金属污染土壤的生物修复。

第6章 水稻土Cd和Cu协同污染对土壤氮转化过程的影响及微生物驱动机制

6.1 引言

自工业革命以来，人类活动大幅度增加了土壤重金属污染（Adriano，2001）。在重金属中，与Cd和Cu相关的污染仍然是公共健康问题，因为它们具有高毒性、广泛分布和持久性等特点（Sheldon and Menzies，2005；Behnke et al.，2018）。例如，Cd一旦内化进入生物系统，就可以直接介导DNA损伤和脂质过氧化，或替代必需的金属（如Fe、Ni、Co、Zn和Cu）阳离子来干扰金属蛋白的功能（Begg et al.，2015）。Cu通过多种途径进入土壤，例如采矿、冶炼、电镀、污泥、含铜杀虫剂和化肥的农业应用（Lone et al.，2008）。土壤中积累的Cu不仅会影响有机质的分解转化，还会改变土壤微生物蛋白质结构和破坏细胞膜功能从而抑制其代谢活动（Łukowski and Dec，2018；Xu et al.，2018）。重金属的生物危害性导致近年来对陆地生态系统中重金属毒性和持久性的认识和研究不断增加（Bolan et al.，2014）。

氮是所有生物体的重要组成部分。微生物介导的氮循环过程，如固氮、矿化、硝化和反硝化，在可持续生产力、N_2O排放和水生生态系统富营养化等方面发挥着关键作用（Kuypers et al.，2018）。硝化作用是土壤氮循环中的一个重要过程：氨首先被氧化成亚硝酸盐，这是一个限速步骤，由AOA和AOB进行。产生的亚硝酸盐随后被亚硝酸盐氧化细菌（NOB）氧化成硝酸盐（Venter et al.，2004；Könneke et al.，2005）。此外，新发现的Comammox路径，即通过Comammox细菌将氨完全氧化为硝酸盐，改变了传统对硝化作用的认识（Daims et al.，2015）。反硝化作用是土壤氮循环的另一个重要过程，它是通过NO_2^-、NO和N_2O将NO_3^-逐步还原为N_2，并由多种反硝化基因（narG、nirS、nirK和nosZ）催化（Morales et al.，2010）。据报道，amoA基因丰度与土壤Cd含量呈负相关关系，且AOB amoA基因比AOA amoA基因更敏感（Zhang et al.，2017）。Magalhaes等（2011）报道，不同还原步骤的酶对Cu的抗性表现出显著差异，nirS、nirK和nosZ基因的多样性随着Cu含量的增加而逐渐降低。最近的一项研究表明，Cd污染显著降低了水稻土中细菌nirS、nirK和nosZ基因的拷贝数（Afzal et al.，2019）。重金属污染导致的微生物群落结构和功能的变化可能会改变土壤微生物介导过程的速率（Yu et al.，2016）。例如，$CdCl_2$（200 $mg·kg^{-1}$）等Cd盐对土壤硝化速率的抑制作用高达80%（Smolders et al.，2001）。此外，在土壤培养2周后，5 $mg·kg^{-1}$ Cd使酸性磷酸酶和脲酶的活性分别降低了30.6%和33.0%（Khan et al.，2010）。

水稻生产采用很多水分管理措施，连续淹水灌溉是最常见的方法。此外，稻田节水灌溉，即干湿交替和薄浅湿晒灌溉（thin-shallow-wet-dry irrigation，TIR）方法，自20世纪90年代以来作为节水实践也在中国实行多年（Liang et al.，2016）。水分管理措施会影响氧气向土壤的转移、氮的转化和土壤的氧化还原电位（Hernandez-Soriano and Jimenez-Lopez，2012）。据报道，灌溉方式显著影响土壤微生物的数量与活性。例如，与连续淹水灌溉相比，间歇灌溉会降低微生物量碳和微生物量氮（Gordon et al.，2008；刘水等，2012）；间歇灌溉和季中排水增加了稻田的N_2O排放（Cai et al.，1997；Yao et al.，2013）。土壤水分状况也影响重金属Cd和Cu的生物有效性。例如，在有氧和间歇条件下，土壤中HCl提取的Cd含量高于传统和淹水条件（Hu et al.，2013）。然而，不同水分条件下Cd和Cu对水稻土硝化和反硝化微生物及其介导的N_2O排放的影响还不清楚。

本章旨在阐明不同水分管理条件以及Cd和Cu污染对水稻土氮转化过程的影响。因此，笔者基于室内微宇宙培养实验，根据野外调查结果设计了多水平的Cd和Cu单独和复合添加处理，在非淹水和淹水条件下通过鸟枪宏基因组测序等方法测定不同处理下水稻土硝化和反硝化功能基因相对丰度及微生物群落结构，并探究了水分条件和重金属污染对土壤N_2O排放的影响。本研究假设在非淹水和淹水条件下，土壤基因丰度和群落结构的变化与氮转化和N_2O排放有关。本研究的目标：①明确硝化和反硝化微生物在不同水分管理条件和重金属污染下的转变；②揭示不同培养条件对土壤N_2O排放的影响；③探索微生物群落结构对水分条件和重金属污染的响应。

6.2 材料与方法

6.2.1 土壤重金属的测定

土壤有效态Cd和Cu含量测定：采用0.01 mol·L^{-1} $CaCl_2$浸提，土液比为1∶10，采用电感耦合等离子体质谱仪（ICP-MS，Thermo Fisher，USA）测定其有效态重金属含量。

6.2.2 土壤理化属性的测定

土壤pH和DOC、NH_4^+-N和NO_3^--N含量的测定方法见第2章第2.3.2节。

6.2.3 土壤N_2O排放速率的测定

在培养过程中，分别于第0、第1、第3、第5、第7、第10、第14、第21、第28、第35、第42、第49、第56天测定培养瓶中的N_2O排放速率。具体方法见第2章第2.3.3节。

6.2.4 土壤宏基因组测序

采集培养第0天和第56天土壤样品用于宏基因组测序。具体方法见第2章第2.3.5节。

6.2.5 统计分析

在进行统计分析之前，分别采用Shapiro-Wilk检验和Levene检验评估数据的正态性和方差齐性。使用ANOVA结合Duncan检验评估培养实验不同处理之间测定指标的差异，$P<0.05$表示在统计上是显著的。使用R中的"vegan"包进行基于Bray-Curtis距离矩阵的PCoA分析和置换多元方差分析（permutational multivariate analysis of variance，PERMANOVA），来描述样本间微生物群落结构的差异。使用R中的"pheatmap"包在热图中描述环境因子与土壤氮转化功能基因丰度之间的Pearson相关性。

6.3 结果与分析

6.3.1 土壤有效态重金属和pH的变化

为了研究重金属Cd和Cu污染下土壤理化属性的变化，本研究在培养第0、第7、第21和第56天测定了土壤性质。在培养过程中，未受污染的土壤无论是在非淹水条件还是在淹水条件下都未检测到Cd和Cu（图6-1）。在非淹水

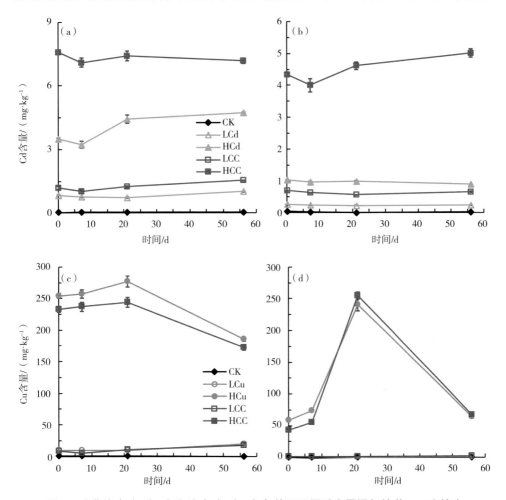

图6-1 非淹水（a和c）和淹水（b和d）条件下不同重金属添加培养56 d土壤中CaCl$_2$浸提Cd（a和b）和Cu（c和d）的含量

注：数值为平均值±标准误差（$n=3$）。CK为未污染土壤，LCd和HCd分别为添加低水平和高水平Cd的土壤，LCu和HCu分别为添加低水平和高水平Cu的土壤，LCC和HCC分别为添加低水平和高水平Cd和Cu的土壤。

和淹水条件下，受污染土壤的有效态Cd含量在培养前期存在略微波动后逐渐稳定，最终达到动态平衡。在56 d的培养过程中，各个处理在非淹水和淹水条件下土壤有效态Cd含量的顺序为HCC>HCd>LCC>LCd>CK。虽然LCd和LCC处理（2 mg·kg^{-1}）以及HCd和HCC处理（10 mg·kg^{-1}）初始添加相同的Cd，但是在整个培养过程中无论是在非淹水条件还是在淹水条件下，复合污染处理的有效态Cd含量都明显高于单一Cd添加处理。在整个56 d的培养过程中，受污染处理在非淹水条件下的有效态Cd含量显著高于淹水条件（图6-1）。例如，在培养56 d后，HCC处理在非淹水条件下的有效态Cd含量为7.18 mg·kg^{-1}，显著高于淹水条件下的5.02 mg·kg^{-1}。在非淹水和淹水条件下，HCu和HCC处理在培养前21 d有效态Cu含量逐渐升高，而从培养第21天到第56天有效态Cu含量大幅度降低。尽管HCu和HCC处理初始添加相同的Cu（1 000 mg·kg^{-1}），但在整个培养过程中，非淹水条件下HCu处理的有效态Cu含量始终高于HCC处理。而在淹水条件下并不存在这种趋势。除了培养第21天的HCC处理，受污染处理在非淹水条件下的有效态Cu含量高于淹水条件（图6-1c，d）。

在非淹水条件下，未受污染的土壤pH随着培养时间的增加逐渐降低，由培养第7天的5.94减少到第56天的4.82（图6-2a）。在非淹水条件下LCd和HCd处理的土壤pH变化规律与CK处理基本一致。而且在非淹水条件下，CK、LCd和

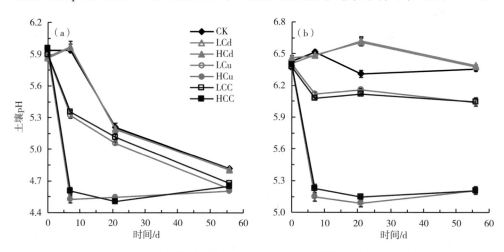

图6-2 非淹水（a）和淹水（b）条件下不同重金属添加培养56 d的土壤pH

注：数值为平均值±标准误差（$n=3$）。CK为未污染土壤，LCd和HCd分别为添加低水平和高水平Cd的土壤，LCu和HCu分别为添加低水平和高水平Cu的土壤，LCC和HCC分别为添加低水平和高水平Cd和Cu的土壤。

HCd处理的土壤pH不存在显著差异。除了培养第21天，在淹水条件下CK、LCd和HCd处理的土壤pH不存在显著差异（图6-2b）。在非淹水和淹水条件下，与CK处理相比，从培养第7天到第56天LCu和LCC处理显著减少了土壤pH。而在整个培养期间，非淹水和淹水条件下LCu和LCC处理之间土壤pH不存在显著差异。同样，在非淹水和淹水条件下与CK处理相比，从培养第7天到第56天HCu和HCC处理显著减少土壤pH。在非淹水和淹水条件下，HCu和HCC处理土壤pH的降低主要发生在培养第0天到第7天。而从培养第7天到第56天，这2个处理的土壤pH逐渐稳定达到动态平衡。在淹水条件下，所有处理的土壤pH在培养前期（培养第0天到第7天）存在波动，在培养第7天到第56天变化较小（图6-2b）。在整个培养过程中，所有处理在非淹水条件的土壤pH显著低于淹水条件，平均降低0.85个单位（图6-2）。

6.3.2 土壤无机氮、DOC和N_2O排放的变化

在非淹水条件下，未受污染的土壤NH_4^+-N浓度随着培养时间的增加而逐渐降低，由培养第0天的85.46 mg·kg^{-1}减少到第56天的2.55 mg·kg^{-1}（图6-3a）。LCd、HCd、LCu和LCC处理的NH_4^+-N含量变化规律与CK处理一致。然而，HCu处理的NH_4^+-N含量随着培养时间的增加而增加。在培养第7天和第21天，LCd和HCd处理的NH_4^+-N含量显著高于CK处理。从培养第7天到第56天，LCu、HCu、LCC和HCC处理的土壤NH_4^+-N含量显著高于CK处理。在淹水条件下培养的第56天，LCd和HCd处理的土壤NH_4^+-N含量与CK处理无显著差异，而LCu、HCu、LCC和HCC处理的NH_4^+-N含量显著高于CK处理（图6-3b）。在非淹水条件下，从培养第7天到第56天，除了HCu处理的其他处理土壤NO_3^--N含量随着培养时间的增加而增加（图6-3c）。在培养第21天和第56天，LCd和HCd处理的土壤NO_3^--N含量与CK处理无显著差异，而LCu和LCC处理的NO_3^--N含量显著低于CK处理。从培养第7天到第56天，HCu和HCC处理的土壤NO_3^--N含量显著低于CK处理。在淹水条件下，从培养第7天到第56天，HCd、LCu、HCu、LCC和HCC处理的土壤NO_3^--N含量显著低于CK处理（图6-3d）。从培养第7天到第56天，LCu和LCC处理的NO_3^--N含量显著低于LCd和HCd处理，然而HCu和HCC处理的NO_3^--N含量显著低于LCu和LCC处理。从培养第7天到第56天，LCu与LCC处理之间以及HCu与HCC处理之间的NO_3^--N含量无显著差异。

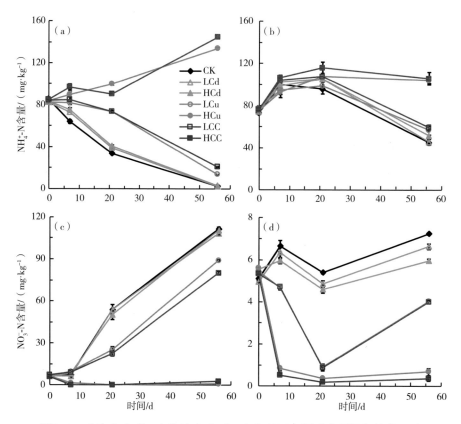

图6-3 非淹水（a和c）和淹水（b和d）条件下不同重金属添加培养56 d 土壤中铵态氮（a和b）和硝态氮（c和d）含量

注：数值为平均值±标准误差（$n=3$）。CK为未污染土壤，LCd和HCd分别为添加低水平和高水平Cd的土壤，LCu和HCu分别为添加低水平和高水平Cu的土壤，LCC和HCC分别为添加低水平和高水平Cd和Cu的土壤。

在非淹水条件下，从培养第0天到第7天，所有处理的土壤DOC含量显著下降（图6-4a）。从培养第7天到第56天，HCu和HCC处理的土壤DOC含量显著高于CK处理。在培养第21天和第56天，HCu处理的土壤DOC含量显著高于HCC处理。在淹水条件下，从培养第21天到第56天，所有处理的土壤DOC含量显著下降（图6-4b）。从培养第0天到第56天，HCd处理的土壤DOC含量与CK处理不存在显著差异。从培养第7天到第56天，LCd、HCu和LCC处理的土壤DOC含量显著低于CK处理。

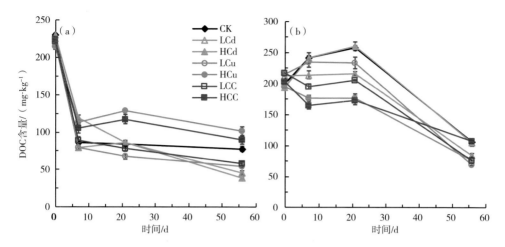

图6-4 非淹水（a）和淹水（b）条件下不同重金属添加培养56 d土壤DOC含量

注：数值为平均值±标准误差（n=3）。CK为未污染土壤，LCd和HCd分别为添加低水平和高水平Cd的土壤，LCu和HCu分别为添加低水平和高水平Cu的土壤，LCC和HCC分别为添加低水平和高水平Cd和Cu的土壤。

在非淹水条件下，从培养第3天到第7天，未污染土壤的N_2O排放速率显著高于重金属添加处理，在培养第5天达到排放峰值$0.32\ \mu g\cdot kg^{-1}\cdot h^{-1}$（图6-5a）。LCu处理同样在培养第5天达到最大值$0.23\ \mu g\cdot kg^{-1}\cdot h^{-1}$。LCd和HCd处理在培养第10天达到排放峰值，而HCu和LCC处理在培养第14天达到排放峰值。HCC处理在培养第21天达到最大值$0.18\ \mu g\cdot kg^{-1}\cdot h^{-1}$。从培养第10天到第56天，HCu处理的土壤$N_2O$排放速率显著高于其他处理。与CK处理相比，LCC和HCC处理到培养结束时显著抑制土壤N_2O累积排放量，抑制率分别为20.2%和20.6%（图6-5c）。而LCd和HCd处理对土壤N_2O累积排放量的抑制更强，分别为37.2%和34.2%。到培养结束时，LCu处理的土壤N_2O累积排放量与CK处理无显著差异，而HCu处理的N_2O累积排放量显著增加了28.4%。在淹水条件下，所有处理在培养前14 d基本不排放N_2O（图6-5b）。CK、LCd和HCd处理在培养第28天达到排放峰值，分别为$27.81\ \mu g\cdot kg^{-1}\cdot h^{-1}$、$17.42\ \mu g\cdot kg^{-1}\cdot h^{-1}$和$6.51\ \mu g\cdot kg^{-1}\cdot h^{-1}$；而LCu、HCu、LCC和HCC处理在培养第42天达到排放峰值，分别为$15.66\ \mu g\cdot kg^{-1}\cdot h^{-1}$、$0.07\ \mu g\cdot kg^{-1}\cdot h^{-1}$、$14.50\ \mu g\cdot kg^{-1}\cdot h^{-1}$和$0.16\ \mu g\cdot kg^{-1}\cdot h^{-1}$。从培养第21天到第35天，CK处理的土壤$N_2O$排放速率显著高于重金属添加处理。然而从培养第42天到第56天，LCu和LCC处理的N_2O排放速率显著高于其他处理。与CK处理相比，LCd、HCd、LCu、HCu、LCC和HCC处理到培养结束时显著抑制土壤N_2O累积排放量，抑制率分别为34.3%、57.1%、7.2%、99.4%、28.7%和99.2%（图6-5d）。HCu和HCC处理的土壤N_2O累积排放量差异不显著。

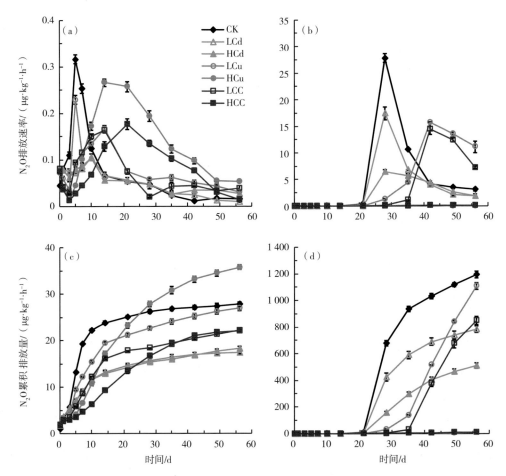

图6-5　非淹水（a和c）和淹水（b和d）条件下不同重金属添加培养56 d土壤N_2O排放速率（a和b）和N_2O累积排放量（c和d）

注：数值为平均值±标准误差（$n=3$）。CK为未污染土壤，LCd和HCd分别为添加低水平和高水平Cd的土壤，LCu和HCu分别为添加低水平和高水平Cu的土壤，LCC和HCC分别为添加低水平和高水平Cd和Cu的土壤。

6.3.3　土壤氮转化功能基因丰度的变化

利用宏基因组测序和比对KEGG数据库得到了所有处理氮转化过程功能基

因的相对丰度。本研究计算了培养结束时这些功能基因的相对丰度对土壤Cd和Cu污染的响应比，并进行标准化（Log_2转换）以进行系统评价（图6-6）。在非淹水条件下，与未污染土壤相比，HCu、LCC和HCC处理显著增加了硝酸盐同化还原为铵（ANRA）基因*nasA*、*nasB*的相对丰度（图6-6a）。所有重金属添加处理显著抑制了此过程*nirA*基因的相对丰度。LCu、HCu和HCC处理显著增加了硝酸盐异化还原为铵（DNRA）基因*nirB*、*nirD*的相对丰度。与CK处理相比，LCu、HCu、LCC和HCC处理显著增加了反硝化基因*narG*的相对丰度。HCu和HCC处理显著增加了此过程*narH*、*narI*和*norB*基因的相对丰度。然而，LCd和HCd处理显著抑制了*narH*基因的相对丰度。HCd、LCu和LCC处理抑制了*nirK*基因的相对丰度，而HCC处理增加了此基因的相对丰度。LCu和HCC处理分别增加了*norC*和*nosZ*基因的相对丰度。与CK处理相比，LCu、HCu、LCC和HCC处理显著抑制了硝化*amoA*、*amoB*、*amoC*基因的相对丰度。相比于LCu和LCC处理，HCu和HCC处理对*amoB*、*amoC*基因相对丰度的抑制作用更强。然而，HCd处理显著增加了*amoB*、*amoC*基因的相对丰度。对于固氮过程，LCu处理显著增加了*nifD*、*nifK*基因的相对丰度。

在淹水条件下，与CK处理相比，HCu和HCC处理显著抑制了ANRA基因*nasA*和*nirA*的相对丰度（图6-6b）。然而，HCu和HCC处理显著增加了*nasB*基因的相对丰度。HCu、LCC和HCC处理显著抑制了DNRA基因*nrfA*、*nrfH*的相对丰度。HCC处理显著抑制了此过程*nirB*、*nirD*基因的相对丰度。与CK处理相比，LCu处理显著抑制了反硝化基因*narH*的相对丰度。HCu和HCC处理显著抑制了此过程*napA*、*napB*、*nirS*、*norB*和*nosZ*基因的相对丰度。LCu、HCu和HCC处理显著抑制了*nirK*基因的相对丰度。HCd、LCu和LCC处理显著增加了*napA*基因的相对丰度，LCu处理显著增加了*napB*基因的相对丰度。LCC处理显著增加了*norC*基因的相对丰度，LCd、HCd、LCu和LCC处理显著增加了*nosZ*基因的相对丰度。对于硝化过程，HCu和HCC处理显著抑制了*amoA*、*amoB*、*amoC*基因的相对丰度。HCd处理显著增加了*amoB*和*hao*基因的相对丰度，LCC处理显著增加了*amoA*基因的相对丰度。所有重金属添加处理对固氮基因*nifD*、*nifH*、*nifK*的相对丰度无显著影响。

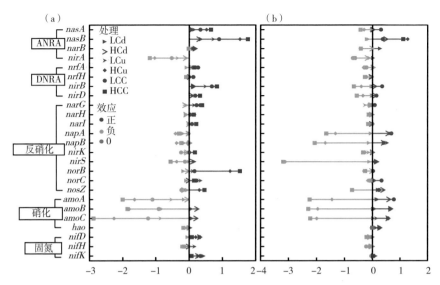

图6-6 非淹水(a)和淹水(b)条件下培养56 d土壤氮转化功能基因
相对丰度对Cd和Cu污染的平均对数转换响应比

注：土壤氮转化功能基因相对丰度对Cd和Cu处理的响应比为Cd和Cu处理的平均值除以对照的平均值；利用对数转换(Log_2)对微生物对重金属添加处理的响应进行标准化；LCd和HCd分别为添加低水平和高水平Cd的土壤，LCu和HCu分别为添加低水平和高水平Cu的土壤，LCC和HCC分别为添加低水平和高水平Cd和Cu的土壤；ANRA，硝酸盐同化还原为铵；DNRA，硝酸盐异化还原为铵。

6.3.4 土壤N_2O排放量、环境因子与氮转化功能基因丰度之间的关系

Pearson相关性表明，在非淹水条件下，土壤N_2O累积排放量与NO_3^--N含量及$narG$、$narH$、$narI$、$amoA$、$amoC$基因的相对丰度显著正相关，而与DOC含量、pH及$napA$、$napB$、$nirK$、$nirS$、$norC$、hao基因的相对丰度显著负相关（图6-7a）。土壤NH_4^+-N含量与$nirK$、$norB$、$norC$、$nosZ$和hao基因的相对丰度正相关，而与$amoA$、$amoB$、$amoC$基因的相对丰度负相关。土壤NO_3^--N含量与$narG$、$narI$、$amoA$、$amoB$、$amoC$基因的相对丰度正相关，而与$napA$、$napB$、$nirK$、$nirS$、$norB$、$norC$、$nosZ$和hao基因的相对丰度负相关。在淹水条件下，土壤N_2O累积排放量与NO_3^--N含量及$narGI$、$napA$、$nirS$和大部分硝化基因的相对丰度正相关，而与NH_4^+-N、DOC和Cu含量及$norC$基因的相对丰度负相关（图6-7b）。土壤NH_4^+-N含量与$napA$、$napB$、$nirS$、$nosZ$和所有硝化基因的相对丰度负相关。土壤NO_3^--N含量与大部分反硝化基因的相对丰度正相关。

(a)

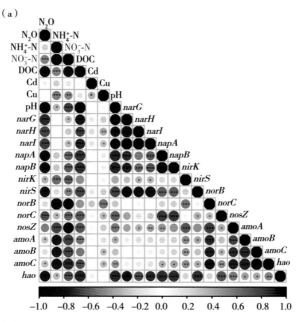

(b)

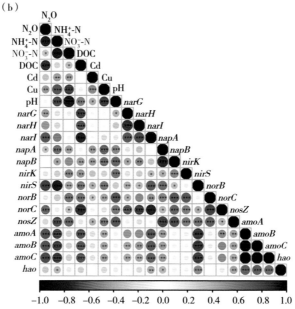

图6-7 整个培养期间非淹水（a）和淹水（b）条件下土壤N_2O累积排放量、环境因子和功能基因相对丰度之间的Pearson相关性热图

注：蓝色圆圈和红色圆圈分别表示正相关和负相关。圆圈越大，颜色越深，相关性越强。*、**和***分别表示$P<0.05$、$P<0.01$和$P<0.001$；NH_4^+-N，铵态氮；NO_3^--N，硝态氮；DOC，溶解性有机碳。

在整个培养期间，土壤N_2O累积排放量与pH、大部分反硝化基因和所有硝化基因的相对丰度显著正相关，而与DOC、Cd和Cu含量和*nirK*基因的相对丰度显著负相关（图6-8）。土壤NH_4^+-N含量与*norB*和*nosZ*基因的相对丰度正相关，与*amoA*、*amoB*、*amoC*基因的相对丰度负相关。土壤NO_3^--N含量与*nirK*基因的相对丰度正相关，与*hao*和大部分反硝化基因的相对丰度负相关。

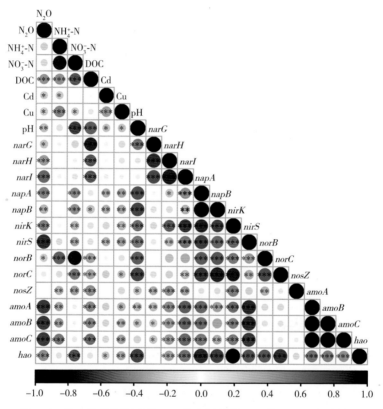

图6-8　整个培养期间土壤N_2O累积排放量、环境因子和功能基因相对丰度之间的Pearson相关性热图

注：蓝色圆圈和红色圆圈分别表示正相关和负相关。圆圈越大，颜色越深，相关性越强。*、**和***分别表示$P<0.05$、$P<0.01$和$P<0.001$；NH_4^+-N，铵态氮；NO_3^--N，硝态氮；DOC，溶解性有机碳。

6.3.5　土壤微生物群落丰度和组成

培养初期和结束时土壤样本中的优势微生物门（平均相对丰度>0.1%）分别是Proteobacteria（27.5%）、Actinobacteria（11.0%）、Acidobacteria

（6.6%）、Chloroflexi（4.4%）、Firmicutes（4.0%）、Bacteroidetes（2.6%）、Gemmatimonadetes（2.6%）、Verrucomicrobia（1.8%）、Planctomycetes（1.6%）、Nitrospirae（0.6%）、Ignavibacteriae（0.4%）、Euryarchaeota（0.4%）、Cyanobacteria（0.3%）、Candidatus_Rokubacteria（0.3%）、Candidatus_Saccharibacteria（0.3%）和Uroviricota（0.2%）（图6-9）。在不同水分条件和重金属添加培养过程中，土壤微生物群落结构发生明显变化。在培养结束时，与非淹水条件下未污染土壤相比，HCu和HCC处理显著增加了Proteobacteria的相对丰度，且HCC处理的促进作用更大。与CK处理相比，LCu、HCu、LCC和HCC处理显著增加了Actinobacteria的相对丰度，HCu和HCC处理的促进作用比LCC和LCu处理更大。LCd和HCd处理显著增加了Bacteroidetes的相对丰度，HCd处理增加了Euryarchaeota的相对丰度。LCu、HCu、LCC和HCC处理显著减少了Chloroflexi、Gemmatimonadetes、Cyanobacteria和Candidatus_Saccharibacteria的相对丰度，且HCC和HCu处理比LCC和LCu处理对Gemmatimonadetes、Cyanobacteria和Candidatus_Saccharibacteria相对丰度的抑制作用更强。与CK处理相比，HCu、LCC和HCC处理显著减少了Firmicutes、Ignavibacteriae和Euryarchaeota的相对丰度，HCu和HCC处理显著抑制了Planctomycetes和Candidatus_Rokubacteria的相对丰度。

在培养结束时，与淹水条件下CK处理相比，HCu和HCC处理显著减少了Proteobacteria的相对丰度（图6-9）。HCu处理显著增加了Actinobacteria的相对丰度，HCu和HCC处理显著增加了Chloroflexi、Firmicutes、Ignavibacteriae和Uroviricota的相对丰度。HCd处理显著减少了Bacteroidetes的相对丰度，而LCC处理显著增加了此门的相对丰度。与CK处理相比，HCu、LCC和HCC处理显著抑制了Gemmatimonadetes和Euryarchaeota的相对丰度，HCd和LCC处理抑制了Verrucomicrobia和Nitrospirae的相对丰度。然而，HCd处理显著增加了Planctomycetes和Candidatus_Rokubacteria的相对丰度。利用PCoA分析比较了样本之间微生物群落结构的差异，结果见图6-10。基于Bray-Curtis矩阵，前两个轴解释了75.76%的群落变异。PERMANOVA分析表明，土壤微生物群落结构受到培养时间（$R^2=0.16$，$P<0.001$）、水分条件（$R^2=0.54$，$P<0.001$）和重金属添加（$R^2=0.03$，$P<0.001$）的显著影响。土壤水分条件对微生物群落结构的影响大于重金属Cd和Cu的添加。

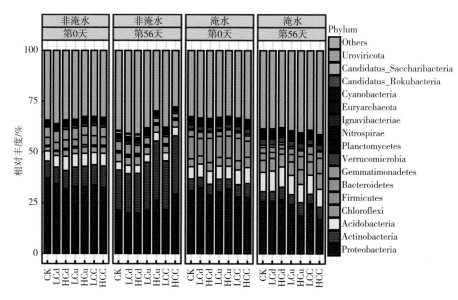

图6-9 不同重金属添加处理在非淹水和淹水条件下培养第0天和第56天主要微生物门
（相对丰度＞0.1%）的相对丰度

注：CK为未污染土壤，LCd和HCd分别为添加低水平和高水平Cd的土壤，LCu和HCu分别为添加低水平和高水平Cu的土壤，LCC和HCC分别为添加低水平和高水平Cd和Cu的土壤。

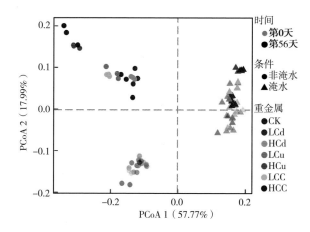

图6-10 微生物群落在属水平上Bray-Curtis距离矩阵的主坐标分析（PCoA）

注：PCoA显示培养第0天（浅色）和第56天（深色）在非淹水（圆形）和淹水（三角形）条件下不同重金属添加处理（不同颜色）的微生物群落组成。CK为未污染土壤，LCd和HCd分别为添加低水平和高水平Cd的土壤，LCu和HCu分别为添加低水平和高水平Cu的土壤，LCC和HCC分别为添加低水平和高水平Cd和Cu的土壤。

土壤水分条件和重金属添加处理改变了硝化细菌和反硝化细菌的相对丰度（图6-11）。在培养结束时，与非淹水条件下CK处理相比，HCu、LCC和HCC处理显著抑制了硝化细菌 *Nitrospira*、*Nitrosospira* 和 *Nitrosomonas* 的相对丰度，而HCd处理增加了 *Nitrosomonas* 的相对丰度（图6-11a）。LCd、LCu、HCu、LCC和HCC处理显著减少了 *Nitrobacter* 的相对丰度，且HCu和HCC处理的抑制作用更强。与CK处理相比，LCu、HCu、LCC和HCC处理显著减少了 *Nitrososphaera* 的相对丰度，而LCd和HCd增加了此属的相对丰度。在淹水条件下，与CK处理相比，HCd、LCu、HCu、LCC和HCC处理显著减少了 *Nitrospira* 的相对丰度，而LCu处理增加了 *Nitrosomonas* 的相对丰度（图6-11a）。

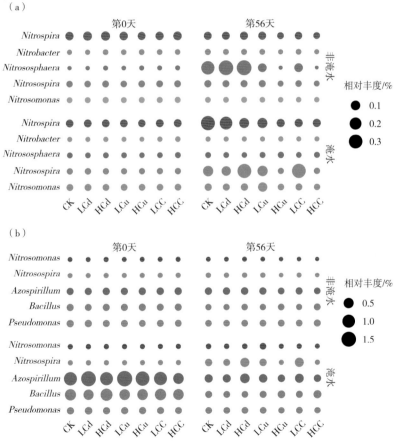

图6-11　不同重金属添加处理在非淹水和淹水条件下培养第0天和第56天
　　　　硝化细菌（a）和反硝化细菌（b）的相对丰度

注：CK为未污染土壤，LCd和HCd分别为添加低水平和高水平Cd的土壤，LCu和HCu分别为添加低水平和高水平Cu的土壤，LCC和HCC分别为添加低水平和高水平Cd和Cu的土壤。

在培养结束时,与非淹水条件下未污染土壤相比,HCu、LCC和HCC处理显著抑制了反硝化细菌 *Azospirillum* 的相对丰度,且HCu和HCC处理的抑制作用更强(图6-11b)。HCd、HCu和HCC处理显著增加了 *Bacillus* 的相对丰度,HCC处理增加了 *Pseudomonas* 的相对丰度。在淹水条件下,与CK处理相比,HCd处理显著增加了 *Azospirillum* 的相对丰度(图6-11b)。HCu和HCC处理显著增加了 *Bacillus* 的相对丰度,而抑制了 *Pseudomonas* 的相对丰度。

6.4 讨论

6.4.1 不同土壤水分条件下Cd和Cu对硝化作用的影响

在56 d的培养实验结束时,非淹水条件下的Cd_{bio}和Cu_{bio}含量都显著高于淹水条件(图6-1),而非淹水条件下的土壤pH低于淹水条件下的土壤pH(图6-2)。通常,土壤Cd和Cu的溶解度在淹水条件下会降低(Vink et al., 2010)。饱和水分条件增加了金属与土壤溶液中潜在可用位点(低亲和力位点和高亲和力位点)的结合,从而形成金属有机配合物(Hernandez-Soriano and Jimenez-Lopez, 2012)。低pH与高Cd和Cu含量有利于Cd和Cu与可溶性有机物的低亲和力位点结合,而高pH与低Cd和Cu含量促进Cd和Cu与高亲和力位点结合(Kinniburgh et al., 1999)。此外,连续淹水条件下可能会发生SO_4^{2-}向S^{2-}的转化,从而导致不溶性CdS的形成并降低Cd的生物有效性(Bingham et al., 1976; de Livera et al., 2011)。在整个培养过程中,所有处理淹水条件下的土壤pH比非淹水条件显著高0.85个单位(图6-2)。土壤pH增加也会促进有机官能团对重金属的吸附,从而降低重金属的生物有效性(Antoniadis et al., 2008)。

土壤氮循环过程需要微生物参与,因此环境因子可以通过作用于微生物活动从而影响土壤氮转化过程。当重金属进入土壤后,可能会对土壤中的硝化和反硝化过程产生不同程度的影响。在本实验培养结束时,无论是在非淹水条件还是在淹水条件下,单独Cd添加对土壤NH_4^+-N含量无显著影响(图6-3)。这说明土壤氨氧化过程对重金属Cd胁迫不敏感。以往的培养实验发现,10 mg·kg^{-1}的Cd对土壤氨氧化速率没有显著影响(Dušek, 1995),本研究的结果与之一致。最近一项研究表明，1.4 mg·kg^{-1}的Cd使水稻土的硝化作用大幅降低，不过此研究的土壤还受到多种重金属污染，包括Pb、Cu和Zn，无法界定其硝化作用的降低是否直接由Cd主导（Liu et al., 2014）。基因分析结果表明，LCd处理不影响硝化基因的相对丰度，而HCd处理显著增加了*amoB*的相对丰度（图6-6）。然而在之前的研究中，Cd污染降低了硝化基因的丰度（Xing et al., 2015；Wang et al., 2018）。土壤中部分微生物能够在重金属的环境中存活，而且通过增加其对环境胁迫的抗性从而使得微生物数量不发生显著变化或者有所增加。有研究发现，土壤中低水平Cd能够促进硝化微生物的生长，而Cd水平较高会显著抑制酶活性和大部分微生物的生长（Fließbach et al., 1994；Dušek, 1995）。本研究HCd处理的Cd含量（10 mg·kg^{-1}）相对较低，由此促进了部分硝化基因的相对丰度。

土壤氨氧化过程对重金属Cu的胁迫较为敏感。在培养第56天时，无论是在非淹水还是在淹水条件下，单独Cu添加以及复合Cd和Cu添加处理显著增加了土壤NH_4^+-N含量（图6-3）。土壤NH_4^+-N向NO_3^--N转化的减少表明Cu生物有效性的增加降低了硝化过程。有研究发现土壤硝化作用与游离金属阳离子的含量呈负相关（Tessier and Turner, 1995）。在本研究中，土壤Cu生物有效性和NH_4^+-N含量正相关，表明Cu添加降低了土壤氨氧化过程（图6-7，图6-8）。土壤Cd和Cu对硝化作用的影响不同，说明不同重金属种类的毒理效应可能存在差异。在非淹水条件下Cu添加处理下*amoA*、*amoB*、*amoC*基因相对丰度的下降与硝化作用降低有关。结果表明，非淹水条件下Cu添加处理土壤NH_4^+-N氧化的降低可能是因为硝化基因丰度的减少（图6-3，图6-6）。这与之前的研究结果一致，即在土壤高Cu含量下，氨氧化微生物种群和潜在硝化速率均显著降低。当土壤Cu含量为600 mg·kg^{-1}时，硝化速率被抑制50%以上，当Cu含量为1 000 mg·kg^{-1}时，硝化速率被抑制90%以上（Li et al., 2009）。还有研究表明，根据实时荧光定量聚合酶链式反应（PCR）结果，50 mg·kg^{-1}和500 mg·kg^{-1}的Cu处理显著抑制了土壤*amoA*基因的丰度（殷亚楠，2018）。之前的研究发现，高水平的Cu^{2+}在转录水平上能够明显减少微生物*amoA* mRNA的转录和合成，进而抑制功能酶的活性和氨氧化过程（Radniecki and Ely, 2011）。重金属Cu可以在微生物细胞内形成超氧化物或活性氧自由基，从而对微生物细胞有高毒性（Macomber and Imlay, 2009）。而在淹水条件下，LCu

处理对硝化基因的相对丰度无显著影响，HCu处理则显著抑制amoA、amoB、amoC基因的相对丰度（图6-6）。这可能是由于Cu在淹水条件下的低生物有效性导致LCu处理在淹水条件下没有对硝化基因的相对丰度产生显著影响。

6.4.2 不同土壤水分条件下Cd和Cu对反硝化作用的影响

重金属Cd和Cu对土壤反硝化基因的影响存在差异。在非淹水条件下，LCd处理对narH基因、HCd处理对narH和nirK基因的相对丰度有负面影响，表明含有narH和nirK基因的细菌群落对Cd较为敏感（图6-6）。不过，Liu等（2014）发现，水稻土中的Cd污染不影响nirK基因的丰度。这项研究与本研究结论不一致的原因可能是两个研究使用的Cd污染水平差异：本研究的Cd污染水平为10 mg·kg^{-1}，而Liu等（2014）研究的土壤Cd含量为1.5 mg·kg^{-1}。在淹水条件下，LCd处理显著促进了nosZ基因的相对丰度，HCd处理则显著促进了napA和nosZ基因的相对丰度（图6-6）。nosZ基因调控土壤N_2O还原酶的生成，可将N_2O转化为N_2。最近的一项研究发现，在整个培养期间，与对照处理相比，10 mg·kg^{-1}的Cd在淹水条件下减少了nosZ基因丰度的89%（Afzal et al., 2019）。本研究的结果与该研究并不一致，其原因还需深入研究。

在非淹水条件下，LCu和LCC处理增加了narG基因的相对丰度，但抑制了nirK基因的相对丰度（图6-6），表明不同反硝化基因对Cu胁迫的响应不同。其他重金属污染也会产生相似的作用，例如Cr（Ⅵ）减少了污泥床反应器中nirK基因的相对丰度，而增加了nirS基因的相对丰度（Miao et al., 2015）。在本研究中，HCu处理增加了narG、narH、narI和norB基因的相对丰度，HCC处理增加了narG、narH、narI、nirK、norB和nosZ基因的相对丰度（图6-6）。高水平Cu添加可能提升了土壤反硝化微生物之间的竞争，从而使反硝化微生物群落变得稳定。此外，Holtan-Hartwig等（2002）研究表明，长期的重金属Cd、Cu和Zn污染可以诱导反硝化微生物对重金属污染产生抗性。Guo等（2013）研究发现在长期污水灌溉下nirK基因的丰度随着Cu含量的增加而增加。本研究中nirK基因相对丰度的增加可能是Cu激活了nirK基因编码的含Cu^{2+}的亚硝酸盐还原酶活性（Magalhaes et al., 2011）。在淹水条件下，HCu和HCC处理显著抑制了napA、napB、nirK、nirS、norB和nosZ基因的相对丰度（图6-6），表明这些基因对高水平Cu有很强的敏感性。Li等（2018）发现，在功能水平上Cu显著抑制了土壤潜在反硝化活性和N_2O排放速率，另外，在添加160 $μg·g^{-1}$和40 $μg·g^{-1}$Cu的土壤中，Cu显著降低了*nirK*和*nirS*基因的丰度。Cu在不同水分条件下对反硝化基因的影响不同。土壤水分条件直接影响土壤的氧化还原电位、通气性和氧分压，进而对土壤反硝化过程的进行产生影响。有研究对比了土壤反硝化对土壤含水孔隙率的响应，发现土壤含水孔隙率与反硝化速率显著正相关（Weier et al.，1993）；还有研究表明在土壤含水量较大的情况下，反硝化速率较高（Keeney et al.，1979）。

6.4.3 不同土壤水分条件下Cd和Cu对N_2O排放和微生物群落的影响

土壤N_2O主要由微生物介导的硝化和反硝化过程产生（Davidson et al.，2000）。外部的环境因子首先改变土壤硝化和反硝化微生物，从而对土壤N_2O排放产生影响（Saleh-Lakha et al.，2009；Liu et al.，2010）。在本研究中，随着时间的推移，微生物群落发生变化，并且群落组成在不同水分条件下有所不同（图6-9，图6-10）。这种群落结构的改变可能是土壤N_2O排放量变化的原因。相比于非淹水条件，淹水条件下土壤N_2O累积排放量较高，可能是因为淹水条件下土壤中为厌氧环境，从而促进反了硝化过程和N_2O的释放。无论是在非淹水还是在淹水条件下，Cd添加均显著降低了土壤N_2O的排放（图6-5）。van den Heuvel等（2011）研究表明，土壤N_2O的排放包括2个过程，分别是NO还原成N_2O的产生过程和N_2O还原成N_2的消耗过程，并且有研究发现消耗过程的重要性可能大于产生过程（Bakken and Frostegård，2017）。在非淹水条件下Cd对土壤N_2O排放的抑制作用可能是由于*narH*基因相对丰度的降低。而在淹水条件下Cd增加了*nosZ*基因的相对丰度，对土壤N_2O消耗过程的促进作用要大于产生过程，从而造成N_2O排放的减少。

在非淹水条件下，高水平Cu单独添加促进了土壤N_2O的排放，主要是由于*narG*、*narH*、*narI*和*norB*基因相对丰度的增加。而重金属复合污染对土壤N_2O排放的抑制说明在非淹水条件下Cd比Cu对N_2O排放的影响更大。在淹水条件下，HCu和HCC处理比LCu和LCC处理对土壤N_2O排放的抑制效果更大，主要是由于硝化基因*amoA*、*amoB*、*amoC*以及反硝化基因*napA*、*napB*、*nirK*、*nirS*、*norB*和*nosZ*相对丰度的减少。在以往的研究中，在厌氧条件下的砂质壤土中添加Cd、Cu和Zn减少了土壤N_2O排放（Holtan-Hartwig et al.，2002）。还有研究表明，高达1 333 mg·kg^{-1}的Cu污染使黏壤土总反硝化活性降低了78%，N_2O排放降低了88%（Liu et al.，2018c）。随着培养时间的推移，水分条件和重金属添加对N_2O排放的影响减弱并趋于稳定。这种差异的缩小可能是由于重金属生物有效性的降低、微生物群落金属抗性的转变以及质粒中重金属抗性基因的水平转移（Holtan-Hartwig et al.，2002）。因此，重金属添加对土壤N_2O排放的影响比较复杂，需要考虑重金属的种类和剂量、土壤水分条件和缓冲性能以及重金属对N_2O排放影响的时效性。

水分条件和重金属添加对土壤微生物群落组成的影响导致微生物群落结构的变化（图6-9至图6-11）。在连续淹水过程中，氧气和硝酸盐由于氧化还原电位的降低而迅速消耗。微生物采用某些策略生存，例如，微生物群落结构的改变导致土壤生物地球化学循环的变化（DeAngelis et al.，2010）。在本研究中，重金属添加处理的主要微生物门类是Proteobacteria、Actinobacteria、Acidobacteria和Chloroflexi（图6-9），这与之前的报道结果类似（Li et al.，2021c；Wu et al.，2022）。本研究发现，重金属Cd和Cu添加改变了某些微生物门的相对丰度（图6-9），这也与以往研究报道的Cd和Cu污染改变了土壤微生物群落结构（Luo et al.，2019；Zhang et al.，2022）的结论一致。土壤水分条件和重金属添加处理还改变了硝化细菌和反硝化细菌的相对丰度（图6-11）。例如，在非淹水条件下，HCu、LCC和HCC处理显著减少了硝化细菌 *Nitrospira*、*Nitrobacter*、*Nitrososphaera*、*Nitrosospira*和*Nitrosomonas*的相对丰度，说明重金属添加可能抑制了硝化作用的进行。

6.5 本章小结

本研究通过开展不同水分条件以及Cd和Cu添加的培养实验，采用宏基因组测序方法，探讨了水稻土氮转化过程对水分条件和重金属污染的响应及其微生物驱动机制。研究表明，低水平Cd单独添加不影响硝化基因的相对丰度，高水平Cd单独添加显著增加硝化基因的相对丰度。Cd单独添加在非淹水条件下减少了*narH*基因的相对丰度，而在淹水条件下增加了*nosZ*基因的相对丰度，从而显著降低了土壤N_2O的排放。在非淹水条件下，高水平Cu单独添

加增加了 $narG$、$narH$、$narI$ 和 $norB$ 基因的相对丰度从而促进了土壤 N_2O 的排放，Cd 和 Cu 复合污染对 N_2O 排放的抑制说明 Cd 比 Cu 对 N_2O 排放的影响更大。在淹水条件下，高水平 Cu 单独和复合添加比低水平 Cu 单独和复合添加对土壤 N_2O 排放的抑制作用更强，主要是由于硝化基因 $amoA$、$amoB$、$amoC$ 的相对丰度以及反硝化基因 $napA$、$napB$、$nirK$、$nirS$、$norB$ 和 $nosZ$ 的相对丰度的减少。土壤水分条件和重金属污染还改变了微生物群落结构从而影响土壤氮转化过程。在水稻生产中，非淹水条件已被用作节约水分的农业实践，然而本研究表明，非淹水条件下高水平 Cu 污染增加了土壤 N_2O 的排放。在重金属污染水稻土中，未来需要进一步研究土壤氮转化过程与不同水分和养分管理措施的联系。

第7章 结论与展望

7.1 主要结论

本研究围绕"重金属胁迫下红壤性水稻土氮转化和微生物群落的耦合作用机制"这一科学命题，基于江西省泰和县仙槎河污灌区，以重金属Cu和Cd污染下的红壤性水稻土为研究对象，结合野外调查采样和室内重金属添加模拟实验，综合运用环境因子分析和微生物分子生态学等方法，研究了水稻土重金属的区域分布和微生物多样性，以及重金属积累下土壤氮循环过程和微生物关键功能类群的耦合作用。本研究阐明了重金属对水稻土细菌和真菌群落的影响，明晰了驱动微生物群落变化的主导因素，并界定了重金属抗性微生物类群；探讨了不同重金属污染程度微生物群落潜在功能和酶活性的差异及主导因素；揭示了重金属污染情景下水稻土氮循环响应特征及微生物驱动机制。主要结论如下。

仙槎河流域水稻土Cu和Cd污染改变了细菌多样性、群落组成和生态模块的累积相对丰度。土壤细菌α多样性随着总量和生物可利用Cu和Cd含量的增加而降低。土壤Cu和Cd污染组分对细菌群落的影响高于土壤理化属性。细菌属AD3、HSB_OF53-F07、*Rokubacteriales*和*Nitrospira*的相对丰度与土壤Cu和Cd含量显著正相关。这些细菌物种可能能够抵抗重金属的毒性。而BSV26、*Bryobacter*、*Pajaroellobacter*和WPS-2的相对丰度与土壤Cu和Cd含量显著负相关，说明这些细菌物种对重金属污染比较敏感。

土壤Cu和Cd污染改变了包括真菌多样性、群落组成和生态模块累积相对丰度在内的多种微生物分类学属性。土壤Cu和Cd污染组分与真菌α多样性显著正相关，而且这些污染组分对土壤真菌群落的影响高于土壤理化属性。重金属污染下土壤真菌共现网络生态模块的变化可能对生态系统功能产生影响。真菌纲Eurotiomycetes、Pezizomycetes、Ustilaginomycetes和Kickxellomycetes的相对丰度与土壤Cu和Cd含量显著正相关，而Mortierellomycetes的相对丰度与Cu和Cd含量显著负相关。土壤真菌类群的变化表明其对重金属污染的适应。

土壤Cu和Cd污染改变了微生物功能基因的相对丰度和土壤酶活性。土壤Cu和Cd污染组分对微生物潜在功能的影响高于土壤理化属性。土壤Cu和Cd污染组分与重金属抗性、固碳、硝化和反硝化基因的相对丰度呈显著正相关，而与固氮基因的相对丰度呈显著负相关，说明土壤Cu和Cd污染不仅富集了重金属抗性基因，而且影响土壤碳和氮循环。土壤水解酶活性与Cu和Cd含量呈线性或指数负相关，而氧化还原酶活性与重金属之间没有显著关系，这表明重金属污染影响了土壤碳、氮和磷循环过程。

在培养实验中，低水平Cd单独添加不影响硝化基因的相对丰度，高水平Cd单独添加显著增加硝化基因的相对丰度。Cd单独添加处理在非淹水条件下*narH*基因相对丰度的减少和淹水条件下*nosZ*基因相对丰度的增加都降低了土壤N_2O的排放。在非淹水条件下，高水平Cu单独添加促进了*narG*、*narH*、*narI*和*norB*基因的相对丰度进而提升了N_2O的排放，复合污染对N_2O排放的抑制说明Cd比Cu对N_2O排放的影响更大。在淹水条件下，由于硝化基因*amoA*、*amoB*、*amoC*以及反硝化基因*napA*、*napB*、*nirK*、*nirS*、*norB*和*nosZ*相对丰度的降低，高水平Cu单独和复合添加比低水平Cu单独和复合添加更能抑制土壤N_2O排放。土壤水分条件和重金属污染还改变了微生物群落结构从而影响土壤氮转化过程。

7.2 研究的创新点

（1）围绕"重金属胁迫下红壤性水稻土氮转化和微生物群落的耦合作用机制"这一前沿科学命题，结合实地污染水稻土调查采样和室内重金属添加模拟实验，从格局-过程-机理3个层面，全面阐明了红壤性水稻土微生物群落和氮转化过程对重金属污染的响应特征，揭示了重金属胁迫条件下两者之间的耦合作用机制。这不仅为水稻土重金属污染的生物修复提供了充分的科学依据，还有助于红壤丘陵区土壤健康和土壤生产力的保持。

（2）在分析技术方面，本研究综合运用环境因子分析、扩增子测序、鸟枪宏基因组测序和微生物荧光测定等方法，从生物地理水平上阐明仙槎河污灌区水稻土重金属污染的空间分布，揭示水稻土重金属污染下微生物群落和潜在功能的变化，确定主要的重金属抗性微生物物种，深入揭示红壤丘陵区重金属污染情景下氮素循环的响应特征及微生物驱动机制，丰富了水稻土重金属与氮转化耦合作用机制研究。

7.3 研究展望

总体上，本研究基本完成了预设目标，回答了关键的科学问题，但仍有不足之处，需要在今后的研究中加以补充完善。

（1）本研究在DNA水平描述了Cu和Cd污染对微生物群落和代谢潜力的影响，不能够完全反映重金属胁迫下微生物的生态效应和毒性机理。此外，本研究界定了一些重金属抗性微生物物种，但对这些物种的抗性机理以及抗性功能并没有展开更加深入的研究。这些物种除了耐受重金属外，还有可能具有抵抗其他类型污染物的潜力。而且，将这些重金属抗性物种应用到污染土壤实际环境中进行修复还存在一些不确定性。未来需要利用转录组学或蛋白组学技术全面探讨Cu和Cd污染对土壤微生物的影响，明确土壤重金属抗性和养分循环过程的原位表达。同时，下一步的工作还应该分离和培养重金属抗性物种以阐明它们的生物修复功能，以便更好地为重金属污染土壤的修复提供理论依据。

（2）土壤中氮素转化过程相当复杂，同时新的氮代谢路径不断被发现。本研究在描述土壤氮转化过程对Cd和Cu胁迫的响应时，所用的方法为测定土壤净氮转化速率。例如，净硝化速率是培养结束与培养开始土壤NO_3^--N含量之差除以培养时间得到的。但是这个方法不能确定自养和异养硝化的相对贡献以及土壤NO_3^--N的生成和消耗等原始信息。未来的研究可测定土壤氮的初级转化速率，通过^{15}N稀释法结合土壤氮循环模型，深入揭示重金属胁迫下土壤氮素的循环机制。

（3）本研究的野外调查采样虽然在区域尺度下探讨了土壤微生物群落和代谢潜力的空间格局及驱动因素，但是研究区域较为单一，需要在更大尺度上验证研究结果。尽管实地采取水稻土并模拟野外环境来探讨土壤水分条件和重金属污染对氮循环过程的影响，但没有考虑植物的参与，且植物通过吸收利用土壤氮素对氮循环过程影响很大。未来的研究应考虑微生物群落对不同土壤类型和利用方式的响应，选择不同类型的研究区域能够使研究结果更加全面和具有代表性。同时，今后在研究土壤重金属污染对氮转化过程影响的时候从实际土壤环境出发，以土壤-植物-微生物系统为研究对象，阐明养分循环对重金属胁迫的响应特征。

参考文献

安中华, 董元华, 安琼, 等, 2004. 苏南某市农田土壤环境质量评价及其分级[J]. 土壤 (6): 631-635.

陈怀满, 2005. 环境土壤学[M]. 北京: 科学出版社.

陈卫平, 杨阳, 谢天, 等, 2018. 中国农田土壤重金属污染防治挑战与对策[J]. 土壤学报, 55 (2): 261-272.

陈欣瑶, 杨惠子, 陈楸健, 等, 2017. 重金属胁迫下不同区域土壤的生态功能稳定性与其微生物群落结构的相关性[J]. 环境化学, 36 (2): 356-364.

戴青云, 贺前锋, 刘代欢, 等, 2018. 大气沉降重金属污染特征及生态风险研究进展[J]. 环境科学与技术, 41 (3): 56-64.

贺纪正, 张丽梅, 2013. 土壤氮素转化的关键微生物过程及机制[J]. 微生物学通报, 40 (1): 98-108.

和文祥, 朱铭莪, 张一平, 2000. 土壤酶与重金属关系的研究现状[J]. 土壤与环境 (2): 139-142.

李晓燕, 陈同斌, 雷梅, 等, 2010. 不同土地利用方式下北京城区土壤的重金属累积特征[J]. 环境科学学报, 30 (11): 2285-2293.

梁雅雅, 易筱筠, 党志, 等, 2019. 某铅锌尾矿库周边农田土壤重金属污染状况及风险评价[J]. 农业环境科学学报, 38 (1): 103-110.

林凡华, 陈海博, 白军, 2007. 土壤环境中重金属污染危害的研究[J]. 环境科学与管理 (7): 74-76.

刘水, 李伏生, 韦翔华, 等, 2012. 分根区交替灌溉对玉米水分利用和土壤微生物量碳的影响[J]. 农业工程学报, 28 (8): 71-77.

罗小玲, 郭庆荣, 谢志宜, 等, 2014. 珠江三角洲地区典型农村土壤重金属污染现状分析[J]. 生态环境学报, 23 (3): 485-489.

任顺荣, 邵玉翠, 高宝岩, 等, 2005. 长期定位施肥对土壤重金属含量的影响[J]. 水土保持学报, 19 (4) : 96-99.

尚二萍, 许尔琪, 张红旗, 等, 2018. 中国粮食主产区耕地土壤重金属时空变化与污染源分析[J]. 环境科学, 39 (10) : 4670-4683.

隋凤凤, 王静波, 吴昊, 等, 2018. 生物质炭钝化农田土壤镉的若干研究进展[J]. 农业环境科学学报, 37 (7) : 1468-1474.

孙玉青, 张莘, 吴照祥, 等, 2015. 雄黄矿区不同砷污染土壤中微生物群落结构及碳源利用特征[J]. 环境科学学报, 35 (11) : 3669-3678.

滕应, 黄昌勇, 骆永明, 等, 2005. 重金属复合污染下红壤微生物活性及其群落结构的变化[J]. 土壤学报, 42 (5) : 117-126.

王晓钰, 2012. 新乡市郊区蔬菜基地土壤中重金属的形态分布特征及污染评价[J]. 河南师范大学学报 (自然科学版), 40 (4) : 180-182.

王学锋, 尚菲, 刘修和, 等, 2014. Cd、Ni单一及复合污染对土壤酶活性的影响[J]. 环境工程学报, 8 (9) : 4027-4034.

吴建军, 蒋艳梅, 吴愉萍, 等, 2008. 重金属复合污染对水稻土微生物生物量和群落结构的影响[J]. 土壤学报, 45 (6) : 1102-1109.

许超, 夏北成, 秦建桥, 等, 2007. 广东大宝山矿山下游地区稻田土壤的重金属污染状况的分析与评价[J]. 农业环境科学学报, 26 (S2) : 549-553.

杨万勤, 王开运, 2002. 土壤酶研究动态与展望[J]. 应用与环境生物学报, 8 (5) : 564-570.

殷亚楠, 2018. 铜对畜禽粪便堆肥过程中微生物群落及抗性基因影响机理研究[D]. 杨凌: 西北农林科技大学.

于方明, 姚亚威, 谢冬煜, 等, 2020. 泗顶矿区6种土地利用类型土壤微生物群落结构特征[J]. 中国环境科学, 40 (5) : 2262-2269.

余璇, 宋柳霆, 滕彦国, 2016. 湖南省某铅锌矿土壤重金属污染分析与风险评价[J]. 华中农业大学学报, 35 (5) : 27-32.

赵永红, 张静, 周丹, 等, 2015. 赣南某钨矿区土壤重金属污染状况研究[J]. 中国环境科学, 35 (8) : 2477-2484.

朱永官, 陈保冬, 林爱军, 等, 2005. 珠江三角洲地区土壤重金属污染控制与修复研究的若干思考[J]. 环境科学学报, 25 (12) : 3-7.

ADRIANO D C, 2001. Trace Elements in Terrestrial Environments: Biogeochemistry, Bioavailability, and Risks of Metals [M]. New York: Springer.

AFZAL M, YU M, TANG C, et al., 2019. The negative impact of cadmium on nitrogen transformation processes in a paddy soil is greater under non-flooding than flooding conditions [J]. Environment International, 129: 451-460.

ALAVA J J, CHEUNG W W L, ROSS P S, et al., 2017. Climate change-contaminant interactions in marine food webs: toward a conceptual framework [J]. Global Change Biology, 23: 3984-4001.

AL-SADI A M, AL-KHATRI B, NASEHI A, et al., 2017. High fungal diversity and dominance by Ascomycota in dam reservoir soils of arid climates [J]. International Journal of Agriculture and Biology, 19: 682-688.

ANTONIADIS V, ROBINSON J S, ALLOWAY B J, 2008. Effects of short-term pH fluctuations on cadmium, nickel, lead, and zinc availability to ryegrass in a sewage sludge-amended field [J]. Chemosphere, 71: 759-764.

APONTE H, MELI P, BUTLER B, et al., 2020. Meta-analysis of heavy metal effects on soil enzyme activities [J]. Science of the Total Environment, 737: 139744.

ASAF S, KHAN A L, KHAN M A, et al., 2018. Complete genome sequencing and analysis of endophytic *Sphingomonas* sp. LK11 and its potential in plant growth [J]. 3 Biotech, 8: 389.

AWASTHI A, SINGH M, SONI S K, et al., 2014. Biodiversity acts as insurance of productivity of bacterial communities under abiotic perturbations [J]. ISME Journal, 8: 2445-2452.

BAHULIKAR R A, TORRES-JEREZ I, WORLEY E, et al., 2014. Diversity of nitrogen-fixing bacteria associated with switchgrass in the native tallgrass prairie of northern Oklahoma [J]. Applied and Environmental Microbiology, 80: 5636-5643.

BAKKEN L R, FROSTEGÅRD Å, 2017. Sources and sinks for N_2O, can microbiologist help to mitigate N_2O emissions? [J]. Environmental Microbiology, 19: 4801-4805.

BAR-EVEN A, NOOR E, MILO R, 2012. A survey of carbon fixation pathways through a quantitative lens [J]. Journal of Experimental Botany, 63: 2325−2342.

BASTIAN M, HEYMANN S, JACOMY M, 2009. Gephi: an open source software for exploring and manipulating networks [C]. California: ICWSM, 8: 361-362.

BECRAFT E D, WOYKE T, JARETT J, et al., 2017. Rokubacteria: Genomic giants among the uncultured bacterial phyla [J]. Frontiers in Microbiology, 8: 2264.

BEGG S L, EIJKELKAMP B A, LUO Z, et al., 2015. Dysregulation of transition metal ion homeostasis is the molecular basis for cadmium toxicity in *Streptococcus pneumoniae* [J]. Nature Communications, 6: 6418.

BEHNKE G D, ZUBER S M, PITTELKOW C M, et al., 2018. Long-term crop rotation and tillage effects on soil greenhouse gas emissions and crop production in Illinois, USA [J]. Agriculture, Ecosystems & Environment, 261: 62−70.

BERG I A, 2011. Ecological aspects of the distribution of different autotrophic CO_2 fixation pathways [J]. Applied and Environmental Microbiology, 77: 1925−1936.

BERG J, BRANDT K K, AL-SOUD W A, et al., 2012. Selection for Cu-tolerant bacterial communities with altered composition, but unaltered richness, via long-term Cu exposure [J]. Applied and Environmental Microbiology, 78: 7438−7446.

BINGHAM F T, PAGE A L, MAHLER R J, et al., 1976. Cadmium availability to rice in sludge-amended soil under "flood" and "nonflood" culture [J]. Soil Science Society of America Journal, 40: 715−719.

BOLAN N, KUNHIKRISHNAN A, THANGARAJAN R, et al., 2014. Remediation of heavy metal (loid) s contaminated soils: to mobilize or to immobilize? [J]. Journal of Hazardous Materials, 266: 141−166.

BOLGER A M, LOHSE M, USADEL B, 2014. Trimmomatic: a flexible trimmer for Illumina sequence data [J]. Bioinformatics, 30: 2114−2120.

BOLYEN E, RIDEOUT J R, DILLON M R, et al., 2019. Reproducible, interactive, scalable and extensible microbiome data science using QIIME 2 [J]. Nature Biotechnology, 37: 852-857.

BOWLES T M, ACOSTA-MARTÍNEZ V, CALDERÓN F, et al., 2014. Soil enzyme activities, microbial communities, and carbon and nitrogen availability in organic agroecosystems across an intensively-managed agricultural landscape [J]. Soil Biology and Biochemistry, 68: 252-262.

BURNS R G, DEFOREST J L, MARXSEN J, et al., 2013. Soil enzymes in a changing environment: Current knowledge and future directions [J]. Soil Biology and Biochemistry, 58: 216-234.

CAI Q, LONG M, ZHU M, et al., 2009. Food chain transfer of cadmium and lead to cattle in a lead-zinc smelter in Guizhou, China [J]. Environmental Pollution, 157: 3078-3082.

CAI Z, XING G, YAN X, et al., 1997. Methane and nitrous oxide emissions from rice paddy fields as affected by nitrogen fertilisers and water management [J]. Plant and Soil, 196: 7-14.

CALLAHAN B J, MCMURDIE P J, ROSEN M J, et al., 2016. DADA2: high-resolution sample inference from Illumina amplicon data [J]. Nature Methods, 13: 581-583.

CAVANI L, MANICI L M, CAPUTO F, et al., 2016. Ecological restoration of a copper polluted vineyard: long-term impact of farmland abandonment on soil bio-chemical properties and microbial communities [J]. Journal of Environmental Management, 182: 37-47.

CHODAK M, GOŁĘBIEWSKI M, MORAWSKA-PŁOSKONKA J, et al., 2013. Diversity of microorganisms from forest soils differently polluted with heavy metals [J]. Applied Soil Ecology, 64: 7-14.

CHONG T M, YIN W, CHEN J, et al., 2016. Comprehensive genomic and phenotypic metal resistance profile of *Pseudomonas putida* strain S13. 1. 2 isolated from a vineyard soil [J]. AMB Express, 6: 95.

CIARKOWSKA K, SOŁEK-PODWIKA K, WIECZOREK J, 2014. Enzyme activity as an indicator of soil-rehabilitation processes at a zinc and lead ore mining and processing area [J]. Journal of Environmental Management, 132: 250-256.

COSTA P S, REIS M P, ÁVILA M P, et al., 2015. Metagenome of a microbial community inhabiting a metal-rich tropical stream sediment [J]. PLoS ONE, 10: e0119465.

CREAMER R E, HANNULA S E, LEEUWEN J P V, et al., 2016. Ecological network analysis reveals the inter-connection between soil biodiversity and ecosystem function as affected by land use across Europe [J]. Applied Soil Ecology, 97: 112-124.

DAIMS H, LEBEDEVA E V, PJEVAC P, et al., 2015. Complete nitrification by *Nitrospira* bacteria [J]. Nature, 528: 504-509.

DAS S, DASH H R, CHAKRABORTY J, 2016. Genetic basis and importance of metal resistant genes in bacteria for bioremediation of contaminated environments with toxic metal pollutants [J]. Applied Microbiology and Biotechnology, 100: 2967-2984.

DAVIDSON E A, KELLER M, ERICKSON H E, et al., 2000. Testing a conceptual model of soil emissions of nitrous and nitric oxides: using two functions based on soil nitrogen availability and soil water content, the hole-in-the-pipe model characterizes a large fraction of the observed variation of nitric oxide and nitrous oxide emissions from soils [J]. BioScience, 50: 667-680.

DAVIDSON E A, SWANK W T, PERRY T O, 1986. Distinguishing between nitrification and denitrification as sources of gaseous nitrogen production in soil [J]. Applied and Environmental Microbiology, 52: 1280-1286.

DE LIVERA J, MCLAUGHLIN M J, HETTIARACHCHI G M, et al., 2011. Cadmium solubility in paddy soils: effects of soil oxidation, metal sulfides and competitive ions [J]. Science of the Total Environment, 409: 1489-1497.

DE MENEZES A B, PRENDERGAST-MILLER M T, RICHARDSON A E, et al., 2015. Network analysis reveals that bacteria and fungi form modules that correlate independently with soil parameters [J]. Environmental Microbiology, 17: 2677-2689.

DE VRIES F T, GRIFFITHS R I, BAILEY M, et al., 2018. Soil bacterial networks are less stable under drought than fungal networks [J]. Nature Communications, 9: 3033.

DEANGELIS K M, SILVER W L, THOMPSON A W, et al., 2010. Microbial communities acclimate to recurring changes in soil redox potential status [J]. Environmental Microbiology, 12: 3137-3149.

DELGADO-BAQUERIZO M, OLIVERIO A M, BREWER T E, et al., 2018a. A global atlas of the dominant bacteria found in soil [J]. Science, 359: 320-325.

DELGADO-BAQUERIZO M, REITH F, DENNIS P G, et al., 2018b. Ecological drivers of soil microbial diversity and soil biological networks in the Southern Hemisphere [J]. Ecology, 99: 583-596.

DESAI C, PARIKH R Y, VAISHNAV T, et al., 2009. Tracking the influence of long-term chromium pollution on soil bacterial community structures by comparative analyses of 16S rRNA gene phylotypes [J]. Research in Microbiology, 160: 1-9.

DOS SANTOS P C, FANG Z, MASON S W, et al., 2012. Distribution of nitrogen fixation and nitrogenase-like sequences amongst microbial genomes [J]. BMC genomics, 13: 162.

DU P, DU R, REN W, et al., 2018. Seasonal variation characteristic of inhalable microbial communities in $PM_{2.5}$ in Beijing city, China [J]. Science of the Total Environment, 610-611: 308-315.

DUŠEK L, 1995. The effect of cadmium on the activity of nitrifying populations in two different grassland soils [J]. Plant and Soil, 177: 43-53.

EPELDE L, LANZÉN A, BLANCO F, et al., 2014. Adaptation of soil microbial community structure and function to chronic metal contamination at an abandoned Pb-Zn mine [J]. FEMS Microbiology Ecology, 91: 1-11.

FAN K, DELGADO-BAQUERIZO M, GUO X, et al., 2019. Suppressed N fixation and diazotrophs after four decades of fertilization [J]. Microbiome, 7: 143.

FANG L, LIU Y, TIAN H, et al., 2017. Proper land use for heavy metal-polluted soil based on enzyme activity analysis around a Pb-Zn mine in Feng county, China [J]. Environmental Science and Pollution Research, 24: 28152-28164.

FENG G, XIE T, WANG X, et al., 2018. Metagenomic analysis of microbial community and function involved in Cd-contaminated soil [J]. BMC Microbiology, 18: 11.

FERNÁNDEZ-CALVIÑO D, ARIAS-ESTÉVEZ M, DÍAZ-RAVIÑA M, et al., 2011. Bacterial pollution induced community tolerance (PICT) to Cu and interactions with pH in long-term polluted vineyard soils [J]. Soil Biology and Biochemistry, 43: 2324-2331.

FIERER N, 2017. Embracing the unknown: disentangling the complexities of the soil microbiome [J]. Nature Reviews Microbiology, 15: 579-590.

FIERER N, LADAU J, CLEMENTE J C, et al., 2013. Reconstructing the microbial diversity and function of pre-agricultural tallgrass prairie soils in the United States [J]. Science, 342: 621-624.

FIERER N, LEFF J W, ADAMS B J, et al., 2012. Cross-biome metagenomic analyses of soil microbial communities and their functional attributes [J]. Proceedings of the National Academy of Sciences of the United States of America, 109: 21390-21395.

FLIEβBACH A, MARTENS R, REBER H H, 1994. Soil microbial biomass and microbial activity in soils treated with heavy metal contaminated sewage sludge [J]. Soil Biology and Biochemistry, 26: 1201-1205.

FROSSARD A, DONHAUSER J, MESTROT A, et al., 2018. Long- and short-term effects of mercury pollution on the soil microbiome [J]. Soil Biology and Biochemistry, 120: 191-199.

FROSSARD A, HARTMANN M, FREY B, 2017. Tolerance of the forest soil microbiome to increasing mercury concentrations [J]. Soil Biology and Biochemistry, 105: 162-176.

GALL J E, BOYD R S, RAJAKARUNA N, 2015. Transfer of heavy metals through terrestrial food webs: a review [J]. Environmental Monitoring and Assessment, 187: 201.

GANS J, WOLINSKY M, DUNBAR J, 2005. Computational improvements reveal great bacterial diversity and high metal toxicity in soil [J]. Science, 309: 1387-1390.

GERMAN D P, WEINTRAUB M N, GRANDY A S, et al., 2011. Optimization of hydrolytic and oxidative enzyme methods for ecosystem studies [J]. Soil Biology and Biochemistry, 43: 1387-1397.

GILLER K E, WITTER E, MCGRATH S P, 1998. Toxicity of heavy metals to microorganisms and microbial processes in agricultural soils: a review [J]. Soil Biology and Biochemistry, 30: 1389-1414.

GOŁĘBIEWSKI M, DEJA-SIKORA E, CICHOSZ M, et al., 2014. 16S rDNA pyrosequencing analysis of bacterial community in heavy metals polluted soils [J]. Microbial Ecology, 67: 635-647.

GÓMEZ-SAGASTI M T, ALKORTA I, BECERRIL J M, et al., 2012. Microbial monitoring of the recovery of soil quality during heavy metal phytoremediation [J]. Water, Air, & Soil Pollution, 223: 3249-3262.

GORDON H, HAYGARTH P M, BARDGETT R D, 2008. Drying and rewetting effects on soil microbial community composition and nutrient leaching [J]. Soil Biology and Biochemistry, 40: 302-311.

GRANDLIC C J, GEIB I, PILON R, et al., 2006. Lead pollution in a large, prairie-pothole lake (Rush Lake, WI, USA): effects on abundance and community structure of indigenous sediment bacteria [J]. Environmental Pollution, 144: 119-126.

GRIFFITHS B S, PHILIPPOT L, 2013. Insights into the resistance and resilience of the soil microbial community [J]. FEMS Microbiology Reviews, 37: 112-129.

GUO G, DENG H, QIAO M, et al., 2013. Effect of long-term wastewater irrigation on potential denitrification and denitrifying communities in soils at the watershed scale [J]. Environmental Science & Technology, 47: 3105-3113.

HAGMANN D F, GOODEY N M, MATHIEU C, et al., 2015. Effect of metal contamination on microbial enzymatic activity in soil [J]. Soil Biology and Biochemistry, 91: 291-297.

HAI B, DIALLO N H, SALL S, et al., 2009. Quantification of key genes steering the microbial nitrogen cycle in the rhizosphere of sorghum cultivars in tropical agroecosystems [J]. Applied and Environmental Microbiology, 75: 4993-5000.

HAIDER F U, LIQUN C, COULTER J A, et al., 2021. Cadmium toxicity in plants: impacts and remediation strategies [J]. Ecotoxicology and Environmental Safety, 211: 111887.

HAKANSON L, 1980. An ecological risk index for aquatic pollution control: a sedimentological approach [J]. Water Research, 14: 975-1001.

HALLENBECK P C, GROGGER M, MRAZ M, et al., 2016. Draft genome sequence of a thermophilic cyanobacterium from the family *Oscillatoriales* (strain MTP1) from the Chalk River, Colorado [J]. Genome Announcements, 4: e01571-15.

HANDELSMAN J, RONDON M R, BRADY S F, et al., 1998. Molecular biological access to the chemistry of unknown soil microbes: a new frontier for natural products [J]. Chemistry and Biology, 5: 245-249.

HARTMAN K, VAN DER HEIJDEN M G A, WITTWER R A, et al., 2018. Cropping practices manipulate abundance patterns of root and soil microbiome members paving the way to smart farming [J]. Microbiome, 6: 14.

HERNANDEZ-SORIANO M C, JIMENEZ-LOPEZ J C, 2012. Effects of soil water content and organic matter addition on the speciation and bioavailability of heavy metals [J]. Science of the Total Environment, 423: 55-61.

HOLTAN-HARTWIG L, BECHMANN M, HOYAS T R, et al., 2002. Heavy metals tolerance of soil denitrifying communities: N_2O dynamics [J]. Soil Biology and Biochemistry, 34: 1181-1190.

HU P, LI Z, YUAN C, et al., 2013. Effect of water management on cadmium and arsenic accumulation by rice (*Oryza sativa* L.) with different metal accumulation capacities [J]. Journal of Soils and Sediments, 13: 916-924.

HU X, LIU J, WEI D, et al., 2017. Effects of over 30-year of different fertilization regimes on fungal community compositions in the black soils of northeast China [J]. Agriculture, Ecosystems & Environment, 248: 113-122.

HUANG Y, WANG L, WANG W, et al., 2019. Current status of agricultural soil pollution by heavy metals in China: a meta-analysis [J]. Science of the Total Environment, 651: 3034-3042.

HUG L A, CASTELLE C J, WRIGHTON K C, et al., 2013. Community genomic analyses constrain the distribution of metabolic traits across the Chloroflexi phylum and indicate roles in sediment carbon cycling [J]. Microbiome, 1: 22.

HÜGLER M, SIEVERT S M, 2011. Beyond the Calvin Cycle: autotrophic carbon fixation in the ocean [J]. Annual Review of Marine Science, 3: 261-289.

IMPERATO M, ADAMO P, NAIMO D, et al., 2003. Spatial distribution of heavy metals in urban soils of Naples city (Italy) [J]. Environmental Pollution, 124: 247-256.

KANDELER E, KAMPICHLER C, HORAK O, 1996. Influence of heavy metals on the functional diversity of soil microbial communities [J]. Biology and Fertility of Soils, 23: 299-306.

KANDZIORA-CIUPA M, CIEPAŁ R, NADGÓRSKA-SOCHA A, 2016. Assessment of heavy metals contamination and enzymatic activity in pine forest soils under different levels of anthropogenic stress [J]. Polish Journal of Environmental Studies, 25: 1045-1051.

KANEHISA M, GOTO S, 2000. KEGG: Kyoto encyclopedia of genes and genomes [J]. Nucleic Acids Research, 28: 27-30.

KEENEY D R, FILLERY I R, MARX G P, 1979. Effect of temperature on the gaseous nitrogen products of denitrification in a silt loam soil [J]. Soil Science Society of America Journal, 43: 1124-1128.

KELLY C N, SCHWANER G W, CUMMING J R, et al., 2021. Metagenomic reconstruction of nitrogen and carbon cycling pathways in forest soil: influence of different hardwood tree species [J]. Soil Biology and Biochemistry, 156: 108226.

KHAN S, EL-LATIF HESHAM A, QIAO M, et al., 2010. Effects of Cd and Pb on soil microbial community structure and activities [J]. Environmental Science and Pollution Research, 17: 288-296.

KINNIBURGH D G, VAN RIEMSDIJK W H, KOOPAL L K, et al., 1999. Ion binding to natural organic matter: competition, heterogeneity, stoichiometry and thermodynamic consistency [J]. Colloids and Surfaces A: Physicochemical and Engineering Aspects, 151: 147-166.

KOLJALG U, NILSSON R H, ABARENKOV K, et al., 2013. Towards a unified paradigm for sequence-based identification of fungi [J]. Molecular Ecology, 22: 5271-5277.

KÖNNEKE M, BERNHARD A E, DE LA TORRE J R, et al., 2005. Isolation of an autotrophic ammonia-oxidizing marine archaeon [J]. Nature, 437: 543-546.

KOU S, VINCENT G, GONZALEZ E, et al., 2018. The response of a 16S ribosomal RNA gene fragment amplified community to lead, zinc, and copper pollution in a Shanghai field trial [J]. Frontiers in Microbiology, 9: 366.

KOUCHOU A, RAIS N, ELSASS F, et al., 2017. Effects of long-term heavy metals contamination on soil microbial characteristics in calcareous agricultural lands (Saiss plain, North Morocco) [J]. Journal of Materials and Environmental Science, 8: 691-695.

KOZDRÓJ J, VAN ELSAS J D, 2000. Response of the bacterial community to root exudates in soil polluted with heavy metals assessed by molecular and cultural approaches [J]. Soil Biology and Biochemistry, 32: 1405-1417.

KRAMER S, MARHAN S, HASLWIMMER H, et al., 2013. Temporal variation in surface and subsoil abundance and function of the soil microbial community in an arable soil [J]. Soil Biology and Biochemistry, 61: 76-85.

KUYPERS M M M, MARCHANT H K, KARTAL B, 2018. The microbial nitrogen-cycling network [J]. Nature Reviews Microbiology, 16: 263-276.

LEITA L, DE NOBILI M, MUHLBACHOVA G, et al., 1995. Bioavailability and effects of heavy metals on soil microbial biomass survival during laboratory incubation [J]. Biology and Fertility of Soils, 19: 103-108.

LI B, XU R, SUN X, et al., 2021b. Microbiome-environment interactions in antimony-contaminated rice paddies and the correlation of core microbiome with arsenic and antimony contamination [J]. Chemosphere, 263: 128227.

LI D, LIU C, LUO R, et al., 2015. MEGAHIT: an ultra-fast single-node solution for large and complex metagenomics assembly via succinct de Bruijn graph [J]. Bioinformatics, 31: 1674-1676.

LI S, WU J, HUO Y, et al., 2021c. Profiling multiple heavy metal contamination and bacterial communities surrounding an iron tailing pond in northwest China [J]. Science of the Total Environment, 752: 141827.

LI S, YANG X, BUCHNER D, et al., 2018. Increased copper levels inhibit denitrification in urban soils [J]. Earth and Environmental Science Transactions of the Royal Society of Edinburgh, 109: 421-427.

LI X, MENG D, LI J, et al., 2017. Response of soil microbial communities and microbial interactions to long-term heavy metal contamination [J]. Environmental Pollution, 231: 908-917.

LI X, ZHU Y, CAVAGNARO T R, et al., 2009. Do ammonia-oxidizing archaea respond to soil Cu contamination similarly asammonia-oxidizing bacteria? [J]. Plant and Soil, 324: 209-217.

LI Y, ZHANG M, XU R, et al., 2021a. Arsenic and antimony co-contamination influences on soil microbial community composition and functions: relevance to arsenic resistance and carbon, nitrogen, and sulfur cycling [J]. Environment International, 153: 106522.

LI Z, MA Z, VAN DER KUIJP T J, et al., 2014. A review of soil heavy metal pollution from mines in China: pollution and health risk assessment [J]. Science of the Total Environment, 468-469: 843-853.

LIANG Y, LI F, NONG M, et al., 2016. Microbial activity in paddy soil and water-use efficiency of rice as affected by irrigation method and nitrogen level [J]. Communications in Soil Science and Plant Analysis, 47: 19-31.

LIN H, TANG Y, DONG Y, et al., 2022. Characterization of heavy metal migration, the microbial community, and potential bioremediating genera in a waste-rock pile field of the largest copper mine in Asia [J]. Journal of Cleaner Production, 351: 131569.

LIN Y, WANG L, XU K, et al., 2021. Revealing taxon-specific heavy metalresistance mechanisms in denitrifying phosphorus removal sludge using genome-centric metaproteomics [J]. Microbiome, 9: 67.

LIN Y, XIAO W, YE Y, et al., 2020. Adaptation of soil fungi to heavy metal contamination in paddy fields-a case study in eastern China [J]. Environmental Science and Pollution Research, 27: 27819-27830.

LIU B, MØRKVED P T, FROSTEGÅRD Å, et al., 2010. Denitrification gene pools, transcription and kinetics of NO, N_2O and N_2 production as affected by soil pH [J]. FEMS Microbiology Ecology, 72: 407-417.

LIU H, WANG C, XIE Y, et al., 2020a. Ecological responses of soil microbial abundance and diversity to cadmium and soil properties in farmland around an enterprise-intensive region [J]. Journal of Hazardous Materials, 392: 122478.

LIU H, WEI M, HUANG H, et al., 2022. Integrative analyses of geochemical parameters-microbe interactions reveal the variation of bacterial community assembly in multiple metal (loid) s contaminated arable regions [J]. Environmental Research, 208: 112621.

LIU J, CAO W, JIANG H, et al., 2018b. Impact of heavy metal pollution on ammonia oxidizers in soils in the vicinity of a tailings dam, Baotou, China [J]. Bulletin of Environmental Contamination and Toxicology, 101: 110-116.

LIU J, HE X, LIN X, et al., 2015. Ecological effects of combined pollution associated with E-waste recycling on the composition and diversity of soil microbial communities [J]. Environmental Science & Technology, 49: 6438-6447.

LIU J, LIU W, ZHANG Y, et al., 2021. Microbial communities in rare earth mining soil after in-situ leaching mining [J]. Science of the Total Environment, 755: 142521.

LIU K, LI C, TANG S, et al., 2020b. Heavy metal concentration, potential ecological risk assessment and enzyme activity in soils affected by a lead-zinc tailing spill in Guangxi, China [J]. Chemosphere, 251: 126415.

LIU Y, DELGADO-BAQUERIZO M, BI L, et al., 2018a. Consistent responses of soil microbial taxonomic and functional attributes to mercury pollution across China [J]. Microbiome, 6: 183.

LIU Y, LIU Y, DING Y, et al., 2014. Abundance, composition and activity of ammonia oxidizer and denitrifier communities in metal polluted rice paddies from South China [J]. PLoS ONE, 9: e102000.

LIU Y, SHEN K, WU Y, et al., 2018c. Abundance and structure composition of *nirK* and *nosZ* genes as well as denitrifying activity in heavy metal-polluted paddy soils [J]. Geomicrobiology Journal, 35: 100−107.

LONE M I, HE Z, STOFFELLA P J, et al., 2008. Phytoremediation of heavy metal polluted soils and water: progresses and perspectives [J]. Journal of Zhejiang University: Science B, 9: 210−220.

LOZUPONE C, LLADSER M E, KNIGHTS D, et al., 2011. UniFrac: an effective distance metric for microbial community comparison [J]. ISME Journal, 5: 169−172.

ŁUKOWSKI A, DEC D, 2018. Influence of Zn, Cd, and Cu fractions on enzymatic activity of arable soils [J]. Environmental Monitoring and Assessment, 190: 278.

LUO L Y, XIE L L, JIN D C, et al., 2019. Bacterial community response to cadmium contamination of agricultural paddy soil [J]. Applied Soil Ecology, 139: 100−106.

LUO L, MA Y, ZHANG S, et al., 2009. An inventory of trace element inputs to agricultural soils in China [J]. Journal of Environmental Management, 90: 2524−2530.

MACOMBER L, IMLAY J A, 2009. The iron-sulfur clusters of dehydratases are primary intracellular targets of copper toxicity [J]. Proceedings of the National Academy of Sciences of the United States of America, 106: 8344−8349.

MAGALHAES C M, MACHADO A, MATOS P, et al., 2011. Impact of copper on the diversity, abundance and transcription of nitrite and nitrous oxide reductase genes in an urban European estuary [J]. FEMS Microbiology Ecology, 77: 274−284.

MARQUES A P G C, RANGEL A O S S, CASTRO P M L, 2009. Remediation of heavy metal contaminated soils: phytoremediation as a potentially promising clean-up technology [J]. Critical Reviews in Environmental Science and Technology, 39: 622-654.

MENG J, TAO M, WANG L, et al., 2018. Changes in heavy metal bioavailability and speciation from a Pb-Zn mining soil amended with biochars from co-pyrolysis of rice straw and swine manure [J]. Science of the Total Environment, 633: 300-307.

MERTENS J, BROOS K, WAKELIN S A, et al., 2009. Bacteria, not archaea, restore nitrification in a zinc-contaminated soil [J]. ISME Journal, 3: 916-923.

MIAO Y, LIAO R, ZHANG X, et al., 2015. Metagenomic insights into Cr (Ⅵ) effect on microbial communities and functional genes of an expanded granular sludge bed reactor treating high-nitrate wastewater [J]. Water Research, 76: 43-52.

MOFFETT B F, NICHOLSON F A, UWAKWE N C, et al., 2003. Zinc contamination decreases the bacterial diversity of agricultural soil [J]. FEMS Microbiology Ecology, 43: 13-19.

MOHAMMADIAN E, AHARI A B, ARZANLOU M, et al., 2017. Tolerance to heavy metals in filamentous fungi isolated from contaminated mining soils in the Zanjan province, Iran [J]. Chemosphere, 185: 290-296.

MOMPER L, JUNGBLUTH S P, LEE M D, et al., 2017. Energy and carbon metabolisms in a deep terrestrial subsurface fluid microbial community [J]. ISME Journal, 11: 2319-2333.

MORALES S E, COSART T, HOLBEN W E, 2010. Bacterial gene abundances as indicators of greenhouse gas emission in soils [J]. ISME Journal, 4: 799-808.

MORTON-BERMEA O, HERNÁNDEZ-ÁLVAREZ E, GONZÁLEZ-HERNÁNDEZ G, et al., 2009. Assessment of heavy metal pollution in urban topsoils from the metropolitan area of Mexico city [J]. Journal of Geochemical Exploration, 101: 218-224.

MUGGIA L, KOPUN T, GRUBE M, 2017. Effects of growth media on the diversity of culturable fungi from lichens [J]. Molecules, 22: 824.

NABULO G, YOUNG S D, BLACK C R, 2010. Assessing risk to human health from tropical leafy vegetables grown on contaminated urban soils [J]. Science of the Total Environment, 408: 5338-5351.

NAHAR K, ALI M M, KHANOM A, et al., 2020. Levels of heavy metal concentrations and their effect on net nitrification rates and nitrifying archaea/bacteria in paddy soils of Bangladesh [J]. Applied Soil Ecology, 156: 103697.

NAVARRO C A, VON BERNATH D, JEREZ C A, 2013. Heavy metal resistance strategies of acidophilic bacteria and their acquisition: importance for biomining and bioremediation [J]. Biological Research, 46: 363-371.

NICHOLSON F A, CHAMBERS B J, WILLIAMS J R, et al., 1999. Heavy metal contents of livestock feeds and animal manures in England and Wales [J]. Bioresource Technology, 70: 23-31.

NICHOLSON F A, SMITH S R, ALLOWAY B J, et al., 2003. An inventory of heavy metals inputs to agricultural soils in England and Wales [J]. Science of the Total Environment, 311: 205-219.

NOTTINGHAM A T, FIERER N, TURNER B L, et al., 2018. Microbes follow Humboldt: temperature drives plant and soil microbial diversity patterns from the Amazon to the Andes [J]. Ecology, 99: 2455-2466.

OJUEDERIE O B, BABALOLA O O, 2017. Microbial and plant-assisted bioremediation of heavy metal polluted environments: a review [J]. International Journal of Environmental Research and Public Health, 14: 1504.

OLADIPO O G, EZEOKOLI O T, MABOETA M S, et al., 2018. Tolerance and growth kinetics of bacteria isolated from gold and gemstone mining sites in response to heavy metal concentrations [J]. Journal of Environmental Management, 212: 357-366.

OLLIVIER J, WANAT N, AUSTRUY A, et al., 2012. Abundance and diversity of ammonia-oxidizing prokaryotes in the root-rhizosphere complex of *Miscanthus* × *giganteus* grown in heavy metal-contaminated soils [J]. Microbial Ecology, 64: 1038-1046.

OLSEN S R, COLE C V, WATANABE F S, et al., 1954. Estimation of Available Phosphorus in Soils by Extraction with Sodium Bicarbonate [M]. US

Department of Agriculture.

OMAR S A, ISMAIL M A, 1999. Microbial populations, ammonification and nitrification in soil treated with urea and inorganic salts [J]. Folia Microbiologica, 44: 205-212.

PHILIPPOT L, SPOR A, HENAULT C, et al., 2013. Loss in microbial diversity affects nitrogen cycling in soil [J]. ISME Journal, 7: 1609-1619.

QUAST C, PRUESSE E, YILMAZ P, et al., 2013. The SILVA ribosomal RNA gene database project: improved data processing and web-based tools [J]. Nucleic Acids Research, 41: D590-596.

RADNIECKI T S, ELY R L, 2011. Transcriptional and physiological responses of *Nitrosococcus mobilis* to copper exposure [J]. Journal of Environmental Engineering, 137: 307-314.

RAGSDALE S W, PIERCE E, 2008. Acetogenesis and the Wood-Ljungdahl pathway of CO_2 fixation [J]. Biochimica et Biophysica Acta (BBA) : Proteins and Proteomics, 1784: 1873-1898.

REHMAN K, FATIMA F, WAHEED I, et al., 2018. Prevalence of exposure of heavy metals and their impact on health consequences [J]. Journal of Cellular Biochemistry, 119: 157-184.

RIEDER S R, FREY B, 2013. Methyl-mercury affects microbial activity and biomass, bacterial community structure but rarely the fungal community structure [J]. Soil Biology and Biochemistry, 64: 164-173.

RIZWAN M, ALI S, ADREES M, et al., 2016. Cadmium stress in rice: toxic effects, tolerance mechanisms, and management: a critical review [J]. Environmental Science and Pollution Research, 23: 17859-17879.

RUYTERS S, MERTENS J, T SEYEN I, et al., 2010. Dynamics of the nitrous oxide reducing community during adaptation to Zn stress in soil [J]. Soil Biology and Biochemistry, 42: 1581-1587.

RUYTERS S, NICOL G W, PROSSER J I, et al., 2013. Activity of the ammonia oxidising bacteria is responsible for zinc tolerance development of the ammonia oxidising community in soil: a stable isotope probing study [J]. Soil

Biology and Biochemistry, 58: 244-247.

SAIYA-CORK K R, SINSABAUGH R L, ZAK D R, 2002. The effects of long term nitrogen deposition on extracellular enzyme activity in an *Acer saccharum* forest soil [J]. Soil Biology and Biochemistry, 34: 1309-1315.

SALEH-LAKHA S, SHANNON K E, HENDERSON S L, et al., 2009. Effect of pH and temperature on denitrification gene expression and activity in *Pseudomonas mandelii* [J]. Applied and Environmental Microbiology, 75: 3903-3911.

SHAHID M, DUMAT C, KHALID S, et al., 2017b. Cadmium Bioavailability, Uptake, Toxicity and Detoxification in Soil-plant System [M]//Reviews of Environmental Contamination and Toxicology, 241: 73-137.

SHAHID M, SHAMSHAD S, RAFIQ M, et al., 2017a. Chromium speciation, bioavailability, uptake, toxicity and detoxification in soil-plant system: a review [J]. Chemosphere, 178: 513-533.

SHARPTON T J, 2014. An introduction to the analysis of shotgun metagenomic data [J]. Frontiers in Plant Science, 5: 209.

SHEIK C S, MITCHELL T W, RIZVI F Z, et al., 2012. Exposure of soil microbial communities to chromium and arsenic alters their diversity and structure [J]. PLoS ONE, 7: e40059.

SHELDON A R, MENZIES N W, 2005. The effect of copper toxicity on the growth and root morphology of Rhodes grass (*Chloris gayana* Knuth.) in resin buffered solution culture [J]. Plant and Soil, 278: 341-349.

SHERMAN L S, BLUM J D, KEELER G J, et al., 2012. Investigation of local mercury deposition from a coal-fired power plant using mercury isotopes [J]. Environmental Science & Technology, 46: 382-390.

SHI H, WANG L, LI X, et al., 2016b. Genome-wide transcriptome profiling of nitrogen fixation in *Paenibacillus* sp. WLY78 [J]. BMC Microbiology, 16: 25.

SHI S, NUCCIO E E, SHI Z J, et al., 2016a. The interconnected rhizosphere: High network complexity dominates rhizosphere assemblages [J]. Ecology Letters, 19: 926-936.

SHI T, MA J, ZHANG Y, et al., 2019. Status of lead accumulation in agricultural soils across China (1979—2016) [J]. Environment International, 129: 35-41.

SHI Y, QIU L, GUO L, et al., 2020. K fertilizers reduce the accumulation of Cd in *Panax notoginseng* (Burk.) F. H. by improving the quality of the microbial community [J]. Frontiers in Plant Science, 11: 888.

SIMKUS D N, SLATER G F, LOLLAR B S, et al., 2016. Variations in microbial carbon sources and cycling in the deep continental subsurface [J]. Geochimica et Cosmochimica Acta, 173: 264-283.

SINGH B K, QUINCE C, MACDONALD C A, et al., 2014. Loss of microbial diversity in soils is coincident with reductions in some specialized functions [J]. Environmental Microbiology, 16: 2408-2420.

SINSABAUGH R L, LAUBER C L, WEINTRAUB M N, et al., 2008. Stoichiometry of soil enzyme activity at global scale [J]. Ecology Letters, 11: 1252-1264.

SMOLDERS E, BRANS K, COPPENS F, et al., 2001. Potential nitrification rate as a tool for screening toxicity in metal-contaminated soils [J]. Environmental Toxicology and Chemistry, 20: 2469-2474.

SOBOLEV D, BEGONIA M F, 2008. Effects of heavy metal contamination upon soil microbes: lead-induced changes in general and denitrifying microbial communities as evidenced by molecular markers [J]. International Journal of Environmental Research and Public Health, 5: 450-456.

SOLGI E, ESMAILI-SARI A, RIYAHI-BAKHTIARI A, et al., 2012. Soil contamination of metals in the three industrial estates, Arak, Iran [J]. Bulletin of Environmental Contamination and Toxicology, 88: 634-638.

SONG J, SHEN Q, WANG L, et al., 2018. Effects of Cd, Cu, Zn and their combined action on microbial biomass and bacterial community structure [J]. Environmental Pollution, 243: 510-518.

SONG L, PAN Z, DAI Y, et al., 2021. High-throughput sequencing clarifies the spatial structures of microbial communities in cadmium-polluted rice soils [J]. Environmental Science and Pollution Research, 28: 47086-47098.

SPANG A, POEHLEIN A, OFFRE P, et al., 2012. The genome of the ammonia-oxidizing *Candidatus* Nitrososphaera gargensis: insights into metabolic versatility and environmental adaptations [J]. Environmental Microbiology, 14: 3122−3145.

STEFANOWICZ A M, NIKLIŃSKA M, KAPUSTA P, et al., 2010. Pine forest and grassland differently influence the response of soil microbial communities to metal contamination [J]. Science of the Total Environment, 408: 6134−6141.

SU C, JIANG L, ZHANG W, 2014. A review on heavy metal contamination in the soil worldwide: situation, impact and remediation techniques [J]. Environmental Skeptics and Critics, 3: 24−38.

SULLIVAN T S, MCBRIDE M B, THIES J E, 2013. Soil bacterial and archaeal community composition reflects high spatial heterogeneity of pH, bioavailable Zn, and Cu in a metalliferous peat soil [J]. Soil Biology and Biochemistry, 66: 102−109.

SUN C, WU P, WANG G, et al., 2022. Improvement of plant diversity along the slope of an historical Pb-Zn slag heap ameliorates the negative effect of heavy metal on microbial communities [J]. Plant and Soil, 473: 473−487.

SUN W, XIAO E, HÄGGBLOM M, et al., 2018. Bacterial survival strategies in an alkaline tailing site and the physiological mechanisms of dominant phylotypes as revealed by metagenomic analyses [J]. Environmental Science & Technology, 52: 13370−13380.

SUN X, KONG T, HÄGGBLOM M M, et al., 2020a. Chemolithoautotropic diazotrophy dominates the nitrogen fixation process in mine tailings [J]. Environmental Science & Technology, 54: 6082−6093.

SUN X, KONG T, XU R, et al., 2020b. Comparative characterization of microbial communities that inhabit arsenic-rich and antimony-rich contaminated sites: responses to two different contamination conditions [J]. Environmental Pollution, 260: 114052.

TABELIN C B, IGARASHI T, VILLACORTE-TABELIN M, et al., 2018. Arsenic, selenium, boron, lead, cadmium, copper, and zinc in naturally contaminated rocks: a review of their sources, modes of enrichment, mechanisms of release, and mitigation strategies [J]. Science of the Total Environment, 645: 1522-1553.

TAN Z, WANG Y, KASIULIENĖ A, et al., 2017. Cadmium removal potential by rice straw-derived magnetic biochar [J]. Clean Technologies and Environmental Policy, 19: 761-774.

TENG Y, WU J, LU S, et al., 2014. Soil and soil environmental quality monitoring in China: a review [J]. Environment International, 69: 177-199.

TESSIER A, TURNER D R, 1995. Metal Speciation and Bioavailability in Aquatic Systems [M]. Chichester: Wiley.

THIELE-BRUHN S, BLOEM J, DE VRIES F T, et al., 2012. Linking soil biodiversity and agricultural soil management [J]. Current Opinion in Environmental Sustainability, 4: 523-528.

THROBACK I N, JOHANSSON M, ROSENQUIST M, et al., 2007. Silver (Ag^+) reduces denitrification and induces enrichment of novel *nirK* genotypes in soil [J]. FEMS Microbiology Letters, 270: 189-194.

TIAN R, NING D, HE Z, et al., 2020. Small and mighty: adaptation of superphylum *Patescibacteria* to groundwater environment drives their genome simplicity [J]. Microbiome, 8: 51.

TRIPATHY S, BHATTACHARYYA P, MOHAPATRA R, et al., 2014. Influence of different fractions of heavy metals on microbial ecophysiological indicators and enzyme activities in century old municipal solid waste amended soil [J]. Ecological Engineering, 70: 25-34.

VALENTINE D L, 2007. Adaptations to energy stress dictate the ecology and evolution of the Archaea [J]. Nature Reviews Microbiology, 5: 316-323.

VAN DEN HEUVEL R N, BAKKER S E, JETTEN M S M, et al., 2011. Decreased N_2O reduction by low soil pH causes high N_2O emissions in a riparian ecosystem [J]. Geobiology, 9: 294-300.

VENTER J C, REMINGTON K, HEIDELBERG J F, et al., 2004. Environmental genome shotgun sequencing of the Sargasso Sea [J]. Science, 304: 66-74.

VINK J P M, HARMSEN J, RIJNAARTS H, 2010. Delayed immobilization of heavy metals in soils and sediments under reducing and anaerobic conditions: consequences for flooding and storage [J]. Journal of Soils and Sediments, 10: 1633-1645.

WANG F, YAO J, SI Y, et al., 2010. Short-time effect of heavy metals upon microbial community activity [J]. Journal of Hazardous Materials, 173: 510-516.

WANG J, LIU T, SUN W, et al., 2020. Bioavailable metal (loid) s and physicochemical features co-mediating microbial communities at combined metal (loid) pollution sites [J]. Chemosphere, 260: 127619.

WANG J, WANG L, ZHU L, et al., 2018. Individual and combined effects of enrofloxacin and cadmium on soil microbial biomass and the ammonia-oxidizing functional gene [J]. Science of the Total Environment, 624: 900-907.

WANG M, CHEN S, CHEN L, et al., 2019. Responses of soil microbial communities and their network interactions to saline-alkaline stress in Cd-contaminated soils [J]. Environmental Pollution, 252: 1609-1621.

WEI B, YANG L, 2010. A review of heavy metal contaminations in urban soils, urban road dusts and agricultural soils from China [J]. Microchemical Journal, 94: 99-107.

WEI Z, HAO Z, LI X, et al., 2019. The effects of phytoremediation on soil bacterial communities in an abandoned mine site of rare earth elements [J]. Science of the Total Environment, 670: 950-960.

WEIER K L, MACRAE I C, MYERS R J K, 1993. Denitrification in a clay soil under pasture and annual crop: estimation of potential losses using intact soil cores [J]. Soil Biology and Biochemistry, 25: 991-997.

WENZEL W W, UNTERBRUNNER R, SOMMER P, et al., 2003. Chelate-assisted phytoextraction using canola (*Brassica napus* L.) in outdoors pot and lysimeter experiments [J]. Plant and soil, 249: 83-96.

WONG C S C, LI X D, ZHANG G, et al., 2003. Atmospheric deposition of heavy metals in the Pearl River Delta, China [J]. Atmospheric Environment, 37: 767-776.

WU B, HOU S, PENG D, et al., 2018. Response of soil micro-ecology to different levels of cadmium in alkaline soil [J]. Ecotoxicology and Environmental

Safety, 166: 116-122.

WU B, LUO H, WANG X, et al., 2022. Effects of environmental factors on soil bacterial community structure and diversity in different contaminated districts of southwest China mine tailings [J]. Science of the Total Environment, 802: 149899.

WU H, LU X, TONG S, et al., 2015. Soil engineering ants increase CO_2 and N_2O emissions by affecting mound soil physicochemical characteristics from a marsh soil: a laboratory study [J]. Applied Soil Ecology, 87: 19-26.

WU W, DONG C, WU J, et al., 2017. Ecological effects of soil properties and metal concentrations on the composition and diversity of microbial communities associated with land use patterns in an electronic waste recycling region [J]. Science of the Total Environment, 601-602: 57-65.

XAVIER J C, COSTA P E S, HISSA D C, et al., 2019. Evaluation of the microbial diversity and heavy metal resistance genes of a microbial community on contaminated environment [J]. Applied Geochemistry, 105: 1-6.

XIAN Y, WANG M, CHEN W, 2015. Quantitative assessment on soil enzyme activities of heavy metal contaminated soils with various soil properties [J]. Chemosphere, 139: 604-608.

XIAO K, LI L, MA L, et al., 2016. Metagenomic analysis revealed highly diverse microbial arsenic metabolism genes in paddy soils with low-arsenic contents [J]. Environmental Pollution, 211: 1-8.

XIAO X, WANG M, ZHU H, et al., 2017. Response of soil microbial activities and microbial community structure to vanadium stress [J]. Ecotoxicology and Environmental Safety, 142: 200-206.

XIE Y, FAN J, ZHU W, et al., 2016. Effect of heavy metals pollution on soil microbial diversity and bermudagrass genetic variation [J]. Frontiers in Plant Science, 7: 755.

XING Y, SI Y, HONG C, et al., 2015. Multiple factors affect diversity and abundance of ammonia-oxidizing microorganisms in iron mine soil [J]. Archives of Environmental Contamination and Toxicology, 69: 20-31.

XIONG J, HE Z, VAN NOSTRAND J D, et al., 2012. Assessing the microbial community and functional genes in a vertical soil profile with long-term arsenic contamination [J]. PLoS ONE, 7: e50507.

XU X, LIU S, ZHU X, et al., 2020. Comparative study on soil microbial diversity and structure under wastewater and groundwater irrigation conditions [J]. Current Microbiology, 77: 3909–3918.

XU Y, SESHADRI B, SARKAR B, et al., 2018. Biochar modulates heavy metal toxicity and improves microbial carbon use efficiency in soil [J]. Science of the Total Environment, 621: 148–159.

YAN Y, KURAMAE E E, DE HOLLANDER M, et al., 2017. Functional traits dominate the diversity-related selection of bacterial communities in the rhizosphere [J]. ISME Journal, 11: 56–66.

YANG J, HUANG J, LAZZARO A, et al., 2014. Response of soil enzyme activity and microbial community in vanadium-loaded soil [J]. Water, Air, & Soil Pollution, 225: 2012.

YANG J, YANG F, YANG Y, et al., 2016. A proposal of "core enzyme" bioindicator in long-term Pb-Zn ore pollution areas based on topsoil property analysis [J]. Environmental Pollution, 213: 760–769.

YAO Z, ZHENG X, WANG R, et al., 2013. Greenhouse gas fluxes and NO release from a Chinese subtropical rice-winter wheat rotation system under nitrogen fertilizer management [J]. Journal of Geophysical Research: Biogeosciences, 118: 623–638.

YE F, GONG D, PANG C, et al., 2020. Analysis of fungal composition in mine-contaminated soils in Hechi city [J]. Current Microbiology, 77: 2685–2693.

YIN H, NIU J, REN Y, et al., 2015. An integrated insight into the response of sedimentary microbial communities to heavy metal contamination [J]. Scientific Reports, 5: 14266.

YOSHIDA M, ISHII S, OTSUKA S, et al., 2010. *nirK*-harboring denitrifiers are more responsive to denitrification-inducing conditions in rice paddy soil than *nirS*-harboring bacteria [J]. Microbes and Environments, 25: 45–48.

YU H Y, LI F B, LIU C S, et al., 2016. Iron redox cycling coupled to transformation and immobilization of heavy metals: implications for paddy rice safety in the red soil of South China [J]. Advances in Agronomy, 137: 279−317.

YU H, ZHENG X, WENG W, et al., 2021. Synergistic effects of antimony and arsenic contaminations on bacterial, archaeal and fungal communities in the rhizosphere of *Miscanthus sinensis*: insights for nitrification and carbon mineralization [J]. Journal of Hazardous Materials, 411: 125094.

YUAN J, WEN T, ZHANG H, et al., 2020. Predicting disease occurrence with high accuracy based on soil macroecological patterns of Fusarium wilt [J]. ISME Journal, 14: 2936−2950.

YUAN X, XUE N, HAN Z, 2021. A meta-analysis of heavy metals pollution in farmland and urban soils in China over the past 20 years [J]. Journal of Environmental Sciences, 101: 217−226.

YUNG L, BERTHEAU C, TAFFOREAU F, et al., 2021. Partial overlap of fungal communities associated with nettle and poplar roots when co-occurring at a trace metal contaminated site [J]. Science of the Total Environment, 782: 146692.

ZAINUN M Y, SIMARANI K, 2018. Metagenomics profiling for assessing microbial diversity in both active and closed landfills [J]. Science of the Total Environment, 616−617: 269−278.

ZEILINGER S, GUPTA V K, DAHMS T E S, et al., 2016. Friends or foes? Emerging insights from fungal interactions with plants [J]. FEMS Microbiology Reviews, 40: 182−207.

ZENG L S, LIAO M, CHEN C L, et al., 2007. Effects of lead contamination on soil enzymatic activities, microbial biomass, and rice physiological indices in soil-lead-rice (*Oryza sativa* L.) system [J]. Ecotoxicology and Environmental Safety, 67: 67−74.

ZHANG F, LI C, TONG L, et al., 2010. Response of microbial characteristics to heavy metal pollution of mining soils in central Tibet, China [J]. Applied Soil Ecology, 45: 144−151.

ZHANG J, SHI Q, FAN S, et al., 2021b. Distinction between Cr and other heavy-metal-resistant bacteria involved in C/N cycling in contaminated soils of copper producing sites [J]. Journal of Hazardous Materials, 402: 123454.

ZHANG L, GUAN Y, JIANG S C, 2021a. Investigations of soil autotrophic ammonia oxidizers in farmlands through genetics and big data analysis [J]. Science of the Total Environment, 777: 146091.

ZHANG M, BAI S H, TANG L, et al., 2017. Linking potential nitrification rates, nitrogen cycling genes and soil properties after remediating the agricultural soil contaminated with heavy metal and fungicide [J]. Chemosphere, 184: 892-899.

ZHANG M, XU Z, TENG Y, et al., 2016. Non-target effects of repeated chlorothalonil application on soil nitrogen cycling: the key functional gene study [J]. Science of the Total Environment, 543: 636-643.

ZHANG X, FU G, XING S, et al., 2022. Structure and diversity of fungal communities in long-term copper-contaminated agricultural soil [J]. Science of the Total Environment, 806: 151302.

ZHAO F, MA Y, ZHU Y, et al., 2015. Soil contamination in China: current status and mitigation strategies [J]. Environmental Science & Technology, 49: 750-759.

ZHAO H, YU L, YU M, et al., 2020a. Nitrogen combined with biochar changed the feedback mechanism between soil nitrification and Cd availability in an acidic soil [J]. Journal of Hazardous Materials, 390: 121631.

ZHAO M M, CHEN Y, XUE L, et al., 2020b. Three kinds of ammonia oxidizing microorganisms play an important role in ammonia nitrogen self-purification in the Yellow River [J]. Chemosphere, 243: 125405.

ZHAO X, HUANG J, LU J, et al., 2019. Study on the influence of soil microbial community on the long-term heavy metal pollution of different land use types and depth layers in mine [J]. Ecotoxicology and Environmental Safety, 170: 218-226.

ZHOU J, HE Z, YANG Y, et al., 2015. High-throughput metagenomic technologies for complex microbial community analysis: open and closed formats [J]. mBio, 6: e02288-14.

ZHOU Z, ZHENG Y, SHEN J, et al., 2012. Responses of activities, abundances and community structures of soil denitrifiers to short-term mercury stress [J]. Journal of Environmental Sciences, 24: 369-375.

ZHU W, LOMSADZE A, BORODOVSKY M, 2010. Ab initio gene identification in metagenomic sequences [J]. Nucleic Acids Research, 38: e132.

ZHUANG P, MCBRIDE M B, XIA H, et al., 2009. Health risk from heavy metals via consumption of food crops in the vicinity of Dabaoshan mine, South China [J]. Science of the Total Environment, 407: 1551-1561.